35歲前，
創業力

How to start a business
新手老闆的第一本書

林又旻◎著

剛認識又旻的時後，只知道他是長庚大學醫技系畢業的大學生。但是與他深談過後，發現這個年輕人不一樣，不但對時勢及社會問題有很深入的見解。除此之外，還能提出解決這些社會問題的方法，是他與時下年輕人的最大不同，並且讓人印象深刻的原因。

2006年我寫了一篇文章：重建一個台灣夢，同時創辦了追夢部落，他不但參與了精神宗旨的擬稿及推廣，後來他自行創業。他很堅持的運用，大師羅伯特 清崎（富爸爸窮爸爸作者）的創業概念，所以他的創業都頗有成績。我所認識的他是一個會充份把理論與實務結合，一步一腳印去實踐的創業實踐家。

很高興看見又旻這本創業的著作出版，我相信會給對前景迷惘的年輕人，一個很大的幫助。我建議想要創業的人，一定要讀這本書，而且去實際操作，會讓你的人生有所不同。

財經作家、追夢部落創辦人、

華人關懷圓夢總會秘書長

羅仕政

Recommended sequence
推薦序

今年天氣冷的快，景氣也是一樣冷颼颼。

在40年的教育工作中，我觀察到畢業學生進入社會的就業環境，是一年比一年艱辛。所以近來跟與幾位教育界、企業界的朋友，共同積極籌備「華人關懷圓夢總會」。希望透過這個組織，可以提供學生在入社會前，能夠擁有各種有效益的學習及訓練，目的是關懷他們、幫助他們在未來的職場上，能有一片天空。我期望現階段透過這個組織，可以達成三個目標：

1. 讓擔負學貸的同學提早還完學貸，解除壓力。
2. 擁有優秀的能力，可以順利進入職場
3. 指導或輔導創業

欣聞又旻有本創業的著作，書中提到創業心態及準備態度等等的論述。深覺得對莘莘學子有很大的幫助；由於又旻的熱忱及積極的態度感動了我，因此我特別邀約他成為華人關懷總會育才行動圓夢讀書會總幹事。期待他的著作會得到社會的認可；並且有好的銷售成績，帶動學生們的熱情，再創50年代的台灣奇蹟。

華人關懷圓夢總會創會會長、

國立體育大學教授

黃榮松 博士

給創業新手的一封信

如果你打算跨出創業的第一步，恭喜你！你面臨的將會是巨大的未知，你的生活不再有安定、不會有固定的薪水、不會有上下班時間、不會有週末假日、不再有老闆指示你該做什麼，因為你就是老闆！

你有機會賺到更多的錢、更多的時間、更多的合作空間、認識更好的人脈，但是相對的你也面臨到更大的風險、更大的挑戰、可能會有負債、會有金錢上的壓力、會有很多的麻煩事，都需要你一一處理。你，還願意創業嗎？

我不想要只告訴你創業好的一面，也要告訴你不好的一面。沒有創業是保證成功的！每一次創業都必須面臨巨大的風險，每一次的創業也都是賭注，創業沒有任何公式可以遵守，不是1+1=2的數學公式，有些人用一種創業模式成功了，卻不代表你照做也會成功！

對於創業來說，你永遠只能掌握原則，任何創業書籍上所提到的方法，包括本書也一樣，對你來說都只能是一種參考，如果你完全照做，那就是死路一條。

我想舉一個例子讓你更加清楚這樣的概念。中國史上的戰國時代，秦國跟趙國間有場激烈的戰役，趙軍主帥是趙括，是趙國名將趙奢的兒子，對於兵法理論非常熟悉，卻從未打過仗；秦軍主將則是百戰百勝的名將白起，他所打的每一仗都獲得空前勝利，可以說是秦國的軍神。

簡單來說，趙括是學院派、白起則是實戰派，當時兩軍對峙的時候，趙括謹守兵書要點，甚至對白起的用兵嗤之以鼻，但是沒想到兩軍交戰之後，趙國大敗，40萬趙軍投降，後來秦國沒辦法消化這批軍隊，只好全部坑殺，這就是史書上慘烈的「長平之戰」。

所以，我想跟你說的是，所有創業書上寫的都是「參考用」，包括本書在內，都只能陳述大方向、大原則，如果你全部照本宣科地使用，那麼就會犯下趙括的錯誤，一手把自己推向失敗的地步。

成功的創業家是了解做生意的原則之後，在過程當中不斷見招拆招，從每一次的見招拆招當中，學到不同的經驗，甚至

Preface 序

有些最寶貴的經驗，都是從錯誤當中去學習，所以創業當中絕對不要怕犯錯。犯錯，是創業家的老師，是創業者的勳章！

如果看完上面的文字，你還願意出來創業，那麼我相信本書絕對是你最重要的指引！

因為在這本書中我不打算告訴你冠冕堂皇的教條，不會只讓你看到成功者的輝煌，我讓你看到的是很多創業者的辛酸、經歷，也包括我的親身經歷。你會發現到創業者的思維，絕對跟上班族不一樣，你會驚訝創業者的骨子當中有一種瘋狂，他們血液當中有一種偏執，但是腦袋卻常常是異常清醒。這就是創業家！

最後，歡迎來到創業家的世界！

我的創業經歷

我一直認為我的體內有著創業的DNA。那是一種「我註定就是要創業」的感覺。開台祖先是閩南人，他在乾隆末年的時候，不顧當時政府海禁政策，冒險會被殺頭的風險，偷偷前往台灣；那時候的造船技術沒有很精良，所以橫渡台灣海峽的時候，可以說是九死一生的行為，也讓台灣海峽贏得了「黑水溝」一詞，而我的祖先度過黑水溝考驗活了下來。

但別以為到了台灣以後就可以諸事順利，事實上，那時候台灣衛生狀況很糟糕，瘴氣、疫病很嚴重，加上漳州、泉州、客家、原住民不斷地相互械鬥，所以要能夠順利活下來，是非常不簡單的事情。我的祖先在這種環境當中，不但順利活下來，還能在三重一帶開墾，拓展了三重林家一脈，可以說是非常厲害。所以我總是認為，開台祖就是一個冒險家。

從我懂事以來，我就看到外公不斷地做生意，包括養羊、買賣羊隻、販售羊奶，甚至開乳品工廠，然後轉行做土地仲介，賺到了不少錢；接著，我又看著父母開超商、開餐飲店，一路上就是活在創業的話題中，我聽到的、看到的都跟創業有關。小學三年級的時候，我要幫媽媽看店、結帳；四年級的時候，我要幫忙跑銀行三點半、廠商送貨來的時候要點貨；五年級的時候，我要知道怎樣計算利潤、幫商品定價。

國中二年級的時候，因為7-11的蓬勃發展，加上家樂福在重新路上展店，家中超商終於不得不面臨轉型的壓力，那時候媽媽選擇了最擅長的餐飲業來轉型。家裡第一次餐飲的型態是香菇肉粥，接著又轉型成熱炒，最後是熱炒跟便當的複合式餐廳，到我大學畢業後，又轉型成為單純的便當店。所以從小到大，我不斷生活在創業環境當中，是一個很棒的經驗。

或許是一直生活在創業的環境當中，讓我對創業有著濃厚興趣，總希望能夠自己創業、白手起家。但是我能做什麼呢？我大學讀的是醫學院，不是商學院，我真的能創業嗎？其實我也不知道。

畢業前半年，為了更了解創業的過程，我閱讀許多成功創業的企業家傳記，發現到多數的企業家都當過業務員，所以我一畢業，就興高采烈地進了一家傳銷公司，希望能夠成為優秀的業務人員，但後來我發現我並不認同他們行銷的方式，所以我選擇離開那家公司。接著當了一個月的ADSL推廣業務，結果公司才成立一個月，就面臨嚴重財務危機，於是我又離開。

但我一直對業務工作不死心，所以到了富邦人壽，希望可以成為優秀的業務員，但是事實跟幻想總是有差距的，順利考到三張證照以後，卻不知道如何拓展業務，所以我又茫然了。

那時候剛好碰到兵役複檢，我97.5公斤，判定為替代役乙等，只需要當12天的補充兵。我想：既然我比別人多一年的時間，那我就該好好充實自己。那時候剛好有一個教育訓練公司的業務員來單位舉辦現金流，在過程當中，那位業務員可以侃侃而談，並且順利地銷售喬吉拉德的演講門票，我覺得很厲害，我想要學習這樣的能力，所以我貸了款去學銷售、行銷、演講、應用心理學等。這樣的舉動看在別人眼中，都覺得我瘋了、浪費錢、不知道在想什麼。

有時候想起來，也是會覺得自己瘋了。但是也因為這樣的過程，開啟了我對商業世界的認知。我學了這麼多東西，最後有沒有派上用場呢？當然有，但並不是當時就發酵，而是在後來一點一滴地領悟，融合成自己的一套方法。

當完12天的替代役之後，上課的朋友找我進了綠加利傳銷公司，聽完之後我真的覺得這家公司的產品很棒，所以我就加入了並開始經營。我跟那位朋友一起組成了創業團隊，然後陸陸續續找了我弟、乾弟，開啟了半年多的傳銷生活，但是到最後並沒有經營起來，於是我放棄了。

那時候我開始找工作，在網路上認識一位境外金融公司的老闆羅仕政，他很欣賞我能力，把我納入他的團隊當中，他給了我一份工作：境外金融助理。原本我們有極大的理想規劃、很棒的願景，但是我卻沒有詳盡的經營規劃，所以三個月後，因為私人因素離開了這位老闆，但是在這個過程當中，他對我的啟發非常大，可以說是人生當中的重要貴人之一。

我離職的時候，也是我們團隊山窮水盡的時候，沒有資金、沒有機會、沒有方向、沒有目標。但是機會總是惡作劇，就這樣來了來到我們身邊。我們之前有接觸過一家麵店老闆，某一天他們無預警休息，沒多久就貼處頂讓單；後來得知老闆是因為長骨刺，所以不得不忍痛結束營業，才打算要把店頂讓出去，而預定的頂讓金是12萬元。

我們看完那個店面之後，覺得是一個不錯的機會，所以決定要把它頂下來。但那時候我們手上只有三萬多，怎麼可能頂下來呢？於是我開口跟朋友借了6萬元，但這樣加一加也只有9萬元，怎麼頂得了呢？後來老闆看我們有誠意要頂讓，所以就降了2萬，只要10萬就好，後來跟媽媽借了1萬，這才順利頂下這間店。

頂下這間店以後，我們盤算得很理想，早餐賣粥、中餐賣麵、晚餐賣炸雞。這樣一來就可以早餐賺一筆、中餐賺一筆、晚餐賺一筆，一間店可以用得非常淋漓盡致，多棒！但事與願違，連續一個禮拜慘澹經營之後，我們決定嘗試不同商品，了解哪些是當地人能接受的食物，最後終於發現到「炒飯、炒麵」是最賣座的商品，所以開始發展炒飯跟炒麵。

在短短的六個月之內，我們從一天2千元的營業額，到一天超過一萬元。三年後，我們決定要結束營業的時候，平均一天有2萬2千元的業績，最高記錄則是一天2萬6的營業額，換算下來一天平均要炒300～400份的炒飯。

我們的店在當地不但小有名氣，在網路上面也有報導。甚至還有網友把我們的店放到愛評網（iPeen）上，稱讚我們的口味很棒。在這邊我真的要謝謝當時一同創業的弟弟林育緯，因為店面都是他一手幫忙打理，我做的都是幕後工作。我也要感謝一路幫忙我的媽媽，沒有她就沒有這間店，她是這間店的靈魂。我也要感謝當初一起辛苦的朋友顏志宏，雖然我們中途拆夥，沒有一起繼續打拼，但還是非常感謝他。雖然最後這間店選擇結束營業，這也是我們所選擇的退場機制。因為這間店，全家人的身體已經不堪負荷，只好無奈地結束。但也是因為這間店，讓我知道創業的過程有多少技巧跟「眉角」。

當了一年記者之後，我後來還是選擇我最愛的創業，我自己成立工作室，開始接一些文字工作的案子，包括文案撰稿、書籍寫作、專題演說及行銷企劃等，對我來說，這又是另一個全新的創業生涯。

以上，就是我的創業歷程。（但我的創業故事，仍會繼續寫下去。）

Contents 目錄

推薦序　002

序　004

前言　007

積極，讓未來充滿無限可能！ 017

1-1 什麼是創業？　018

1-2 創業家性格測　021

1-3 為什麼要創業？ 030

1-4 創業成功需要什麼特性？ 034

新手創業思維1：自己要負起一切責任　036

新手創業思維2：對事業要有絕對的自信　038

新手創業思維3：要有冒險嘗試的精神　040

新手創業思維4：強烈的企圖心　042

新手創業思維5：允許自己犯錯　045

新手創業思維6：堅持到底的決心　048

新手創業思維7：擁有好的紀律　051

新手創業思維8：處理問題的彈性 054
新手創業思維9：建立人脈的能力 057
新手創業思維10：要有行銷與銷售能力 060
新手創業思維11：如海綿般的學習能力 064

創業之前，我要做什麼樣的準備？ 067

2-1 要選擇什麼樣的領域創業？ 068
2-2 選擇自己擅長的領域 074
2-3 如何找到我的專業？ 077
2-4 進行公司設立 085
2-5 我要怎樣募款？什麼是青創貸款？ 089
2-6 如何撰寫創業企劃書？ 092
2-7 你需要知道的基礎財務知識 099

Contents 目錄

新創事業的黃金三角 105

3-1 新創事業三大要素 106

3-2 優質產品的條件 110

原則一：單價不要太高 111

原則二：有需要且想要 112

原則三：有商品獨特性 113

原則四：要有利潤空間 114

原則五：要具有話題性 116

原則六：消費循環快速 118

原則七：品質好又穩定 119

3-3 如何做好行銷？ 122

3-4 好服務帶來好口碑 138

新創事業的黃金三角 143

4-1 建立你的創業團隊 144

4-2 智囊團——你的創業諮詢處 148

4-3 啦啦隊——重振信心的好幫手 152

4-4 合作夥伴——讓你事業成形的推手 156

4-5 員工——事業拓展的基石 161

創業地雷及如何退場 167

5-1 創業八大地雷 168

第一顆地雷：只懂專業，不懂行銷 169

第二顆地雷：沒有準備好就開始創業 174

第三顆地雷：沒有搞懂財務狀況 178

第四顆地雷：找錯合夥人 181

第五顆地雷：現金週轉不靈、花冤枉錢 183

第六顆地雷：容易分心，無法專注 186

第七顆地雷：擴張太快 188

第八顆地雷：瞎忙，做沒有效益的事 190

5-2 結束，如何認賠殺出？ 192

Chapter 1

新手創業，該有什麼樣的心態？

每一次創業都必須面臨巨大的風險，每一次的創業也都是賭注。

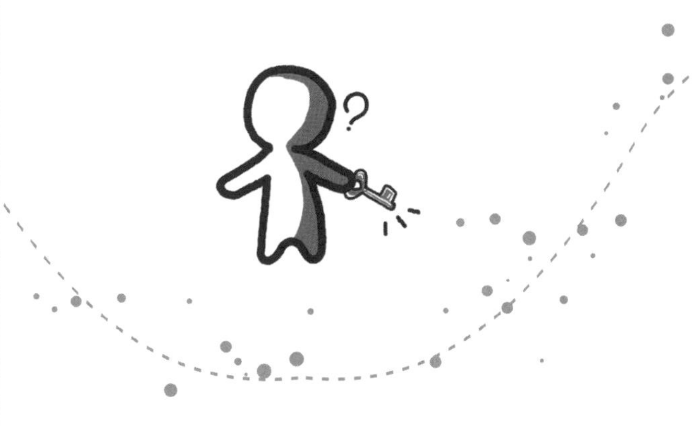

1-1 什麼是創業？

我給創業的定義是：自己開創買賣價值的工作！

創業，是一個很常見的字眼。但如果再深入地問一句：「什麼是創業？」通常會聯想到幾個畫面。

第一個畫面通常是一個店面，然後裝潢地漂漂亮亮的，老闆會在裡面陳設商品，然後開始會有客人上門。第二個畫面是大老闆在電視前面，談自己的創業歷程，然後如何賺大錢。第三個畫面是連鎖加盟店，像是超商、飲料店等。

但是畫面這些都是創業的一個場景，沒辦法回答什麼是創業。所以我們在開始談創業之前，必須要先幫創業下一個定義。

我給創業的定義是：自己開創買賣價值的工作！

透過這樣的定義，創業會有幾個特點：

第一、創業是一種開創：開創的意思就是無中生有，在一片荒蕪、未知當中確定方向，所以創業的人需要自己探索未來，當創業者決定創業的時候開始，就決定了一段未知的旅程，這時候創業者眼前常是霧茫茫的一片，所以必須要有銳利的眼光，來掃除一切未知所帶來的恐懼。

第二、創業是自己的事：有些人總以為，只要寫好創業計劃書，請幾個能幹的員工，就一切都會上軌道。但是這其實是錯誤的！創業，是自己的事情，雖然不用每一件事情都要親力親為，但是在創業初期一定要把所有環節都盯緊。記住！這是你的事業，所以你要負起一切責任！

第三、創業是一種買賣價值的工作：絕大部分的創業家，都一定要是買賣高手！因為事業就是透過買賣價值並賺取利潤，不管你是賣出商品、服務、專業知識或是能力，都是賣出價值而換取利潤，所以創業家一定要有買賣的能力！

透過這樣的定義，我認為創業可以分成三種：無底薪業務員、個人工作室及創立公司或店面。

無底薪業務員：無底薪業務員雖然在公司體制之下，但是他們是靠著自己的買賣能力，建立自己的收入來源，所以他們絕對是一種創業者。透過這樣創業的好處是不需要大成本，但是在許多行動上面卻會受到公司的約束。這類型的創業者包括：保險業務員、無底薪的房仲、傳銷商等。

個人工作室：個人工作室通常是靠自己的能力，去接洽外包的案件，或是跟企業承攬委外的工作。雖然這樣的創業過程沒有華麗辦公室，但是卻很實在。這樣的個人工作室好處是成本低、不受約束，但是卻有高門檻。通常這樣的創業模式需要有個人能力當做後盾，所以規模通常很小。像是：插畫家、作家、接案子的電腦工程師等。

創立公司或店面：這是多數人熟知的創業模式，租一個辦公室或是店面，然後開始營業。通常這種創業模式需要比較大的成本，有很大的支出壓力，但是好處是看得到，讓人眼見為憑，容易獲得多數人的信任。

1-2 創業家性格測

對於創業應該要思考的第一步就是：什麼是創業者應有的心態？

朋友問我：「創業難嗎？」

我說：「難！也不難！」

當朋友似乎快要拿刀子砍我的時候，我趕緊說：「創業不難，難在沒有創業家的思維；創業不難，難在沒有創業家的心態；創業不難，難在沒有創業家的遠見；創業不難，難在沒有創業家的堅持；創業不難，難在沒有創業家的規劃！」

所以，我們應該要思考的第一步就是：什麼是創業者應有的心態？我們可以先做一個簡單的測驗，讓你知道自己是否適合創業。

1. 你對於「挑戰」感覺是……

a. 我非常喜歡挑戰，對於未知的事物有著莫名的興奮。

b. 我對於風險的接受度很低，我討厭任何破壞安定生活的事物。

c. 偶而我會挑戰一下未知的風險，但是大多數的時候我比較傾向平靜的生活。

2. 你是一個自律的人嗎？

a. 我會擬定自己的工作計畫，並且想辦法執行完成。

b. 我需要有人告訴我怎麼做，並且督促我去做。

c. 我有一個初步的概念，也會去執行，只是有時候會偷懶。

3. 在團體當中，你常常被推舉成為領導者嗎？

a. 我在團體當中，通常會自願擔任領導者，也很容易被推舉成為領導者。

b. 我通常都是默默地執行任務，還是別叫我當領導者吧！

c. 我偶而會被推舉當領導者，但比起領導別人，我更希望能當一個輔助的角色。

4. 你相信自己有能力克服所有挑戰嗎？

a. 我對我的能力充滿自信，而且我能克服多數挑戰！

b. 我覺得我能力中等，但是多數問題我還能夠解決。

c. 我覺得我能力不足，我只是一個小螺絲釘而已。

5. 你相信你的目標一定可以完成嗎？

a. 我相信我可以達成我所設定的目標。

b. 我會想辦法去達到目標，但是沒有做到也沒關係。

c. 我不相信我能達成我的目標。

6. 在沒有任何收入的情況下，你還是仍然會有堅持下去的勇氣？

a. 別鬧了！沒有收入我就沒有辦法買想要的東西，我的生活費怎麼辦，誰要養我啊？

b. 我自己有一定的安家費用，用完的話我還是得要回去上班！

c. 即使沒有任何收入、即便會有負債，我一定要堅持達成我的目標。

7. 你可以接受無償工作嗎？

a. 別鬧了！工作就要有相對的收入。

b. 我可以少收一點錢，但是不能不收錢。

c. 我要看有沒有後續的效益，如果有的話，我會願意去做。

8. 對於所設定的目標，有絕對要達成的決心？

a. 其實目標都是自己訂的，我會試著去達成目標，但沒有達成也不會少塊肉。

b. 我覺得目標很重要，我會盡全力達成我的目標。

c. 我覺得目標很討厭，會讓我很有壓力。

9. 創業途中如果有任何阻礙，你會……

a. 我會想辦法克服阻礙。

b. 我最怕阻礙了，碰到阻礙當然要放棄。

c. 我會想想這個阻礙是不是能夠克服，如果不能克服，就需要轉彎。

10. 你是否願意學習更多不了解的技能？

a. 我討厭學習新東西，都要從頭學起，很麻煩。

b. 我願意學習任何能夠幫助我的技能。

c. 我不會主動去學習，但是如果對工作有幫助，我會試著去學習新技能。

11. 你敢推銷你的產品嗎？

a. 我覺得推銷產品是一件很丟臉的事情，感覺上在賺別人的錢。

b. 如果有必要的話，我會想辦法推銷我的產品。

c. 我可以把產品賣給任何人，我相信我的產品可以幫助到其他人！

12. 你做事情會怕犯錯嗎？

a. 我認為犯錯是家常便飯，人非聖賢誰能無過？重點是我能不能從犯錯當中學到經驗。

b. 我是完美主義者，我絕對不容許自己出一點點小差錯！

c. 我會盡力把事情做好，但是有點小錯也無妨。

13. 你認定對的事情，即便眾人反對，我會堅持下去嗎？

a. 我會堅持我自己的路，即便沒有人支持，我也會盡力走下去！

b. 我會想辦法說服他們支持我的想法。

c. 既然沒有人要支持，那我還要努力作什麼？當然放棄囉。

14. 你認為自己是有競爭力的人嗎？

a. 我覺得我的能力很棒，怎樣都不會餓死。

b. 我覺得我很懶散，生活過得去就好。

c. 我認為自己有能力，可以成為公司的主管。

15. 如果遇到混亂的事情，我會……

a. 我會覺得很生氣，怎麼一切都沒有按照計畫來。

b. 我會靜下心來想辦法讓事情回到正軌。

c. 我會想辦法處理，但是會很不安。

16. 你有想過自己會創業嗎？

a. 沒有，我只想要朝九晚五過生活就好。

b. 有過這樣的念頭，但也只是一閃即逝，我會比較希望成為公司的高階主管。

c. 我一直都有創業的念頭，而且我也不斷在準備。

17. 你可以接受一天工作超過18小時嗎？

a. 別鬧了！我還要睡覺。

b. 我可以，因為我熱愛目前的工作。

c. 我可以有幾天工作比較晚，但是時間太久的話就要考慮一下。

18. 如果客戶星期五晚上打電話，突然要你兩天內趕出案子，你會……

a. 可惡，不會早點說嗎？我才不要為了案子犧牲假期。

b. 我會跟客戶商量更寬裕時間，也可以兼顧一下生活品質。

c. 那有什麼問題！當然快點接下來啊。

19. 星期六晚上突然有一個重要的商業聚會，但是你已經答應家人要出遊了，你會……

a. 家人對我來說很重要，所以我寧可不要去這樣的聚會。

b. 我會跟家人商量一下，提出替代方案，然後趕去聚會。

c. 我會跟聚會主人說聲抱歉，並且確認下次的時間，可以先把時間排開。

20. 如果你這次創業失敗，而且也負債了，你會怎樣看待自己呢？

a. 我覺得我是一個失敗的人，而且負債很丟臉。

b. 我覺得沒什麼，創業本來就是有成有敗，我能力還在，我一定可以還清債務。

c. 我覺得我下次不會創業了，好可怕。

計分方法：對照一下分數表，然後把每一題的得分加總起來，然後對照後面的解說。

題目／分數	1	2	3	4	5	6	7	8	9	10
A	5	5	5	5	5	1	1	3	5	1
B	1	1	1	3	3	3	3	5	1	5
C	3	3	3	1	1	5	5	1	3	3

題目／分數	11	12	13	14	15	16	17	18	19	20
A	1	5	5	5	1	1	1	1	1	3
B	3	1	3	1	5	3	5	3	5	5
C	5	3	1	3	3	5	3	5	3	1

80~100分：恭喜你，已經具備創業的特質，擁有這樣特質的你，不管做什麼事情都會得心應手，可以逐漸邁向創業之路囉！

60~80分：雖然還沒有完全具備創業的特質，但是只要願意開始認識自己，並且朝向創業家邁進，那麼很有機會成為未來的創業家喔！

低於60分：或許你沒有具備創業特質，但只要你願意開始學習、改變自己的心態，其實也不是沒有機會。

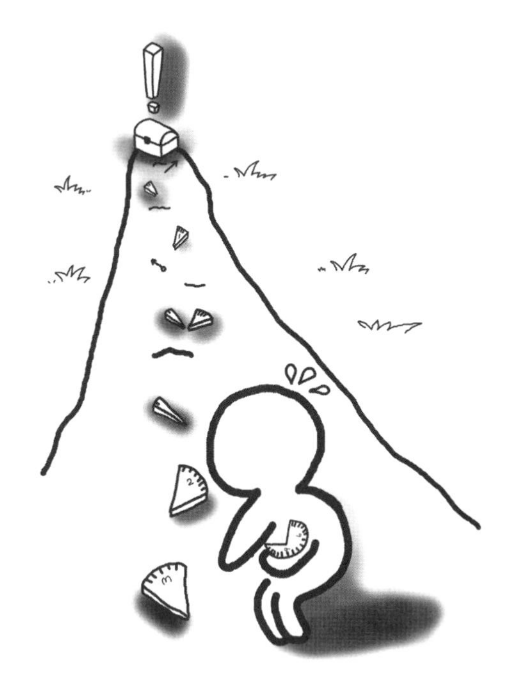

1-3 為什麼要創業？

唯有找到創業的動機，才能在創業之路上堅持下去，成為出色的創業家。

很多人選擇創業的時候，通常都沒有想清楚為什麼要創業，有時候是環境所逼，所以不得不選擇創業；有些人是一直很想要創業；有些人則是想著賺大錢而創業，但是卻都不清楚自己創業真正的目的！

你或許會想：創業就創業，為什麼要找到創業的真正目的。但我想告訴你：唯有找到創業的動機，才能在創業之路上堅持下去，成為出色的創業家。

對我來說，創業代表的是自由，可以越來越接近想要的生活型態（Life-style）。我想要的生活型態是：可以自由支配自己的時間，別人會依照我的能力，支付我應有的酬勞；不需要過著朝九晚五的生活，而且工作會越來越得心應手，同時我的非工資收入也不斷增加，讓我生活越來越輕鬆。因此，我創業的動機，就是獲得自由自在的生活！

之前有一位朋友決定要創業，所以到我這邊聊聊創業的一些事情。那時候，我先問他：為什麼要創業？

他回答：「賺大錢！」

我相信朋友的答案也是很多人的答案！

這時候我會更深入地問：「賺大錢是為了什麼？」

一般人通常不會想到這樣的問題，所以會稍微楞住，朋友也不例外。稍微思考了一下後他說：「我想要讓家人過好生活。」這時候我會再問下去：「讓哪些家人過好生活？讓他們過好生活，會讓你有什麼感覺？」

他回答：「我要讓我的父母過好生活，這樣會讓我感覺到有成就感。」我會繼續問：「除了這個之外呢？賺大錢還為了什麼？」

他回答：「我還想要能夠讓自己擁有富裕的生活。」「是什麼樣的富裕生活？」他說：「我想要擁有自己的房子、車子等。」「可以清楚描述一下嗎？」他想了一下，回答說：「我想要在新北市買一間房子，裡面的裝潢要是白色為底，充滿時尚感，我的家中一定要有音響，我回到家就可以開啟悅耳的交響樂。我最喜歡車子是某一個歐系廠牌，外型是銀灰色、流線型的跑車。」

「那擁有這些物品，讓你有什麼樣的感覺？」他想了一下說：「成就感吧！我會覺得我真的做到某些事情。當然也會讓我感覺到快樂。」「好好記住這些感覺，這些才是你真正創業的動機！」

透過以上的釐清過程，可以幫助創業者找到創業的深層動機，而創業的動機，就是幫助自己前進的動力。畢竟在創業路上有很多挑戰、很多痛苦，都不斷在打擊自己的心志。

我在創業過程當中，也會碰到很多的辛苦、難過、不愉快及挫折。當自己受到打擊的時候，我還是會在夜深人靜的時候，一個人蓋著棉被痛哭，心想：「我幹嘛把自己弄成這樣！找一份安穩的工作不是很好嗎？」但是為了我夢想中的生活，我還是咬著牙、眼淚一擦，隔天還是一樣往前奮鬥，絕對要達成自己想要的生活。

所以我現在想要讓你想想，你為什麼要創業？這樣你會找到創業的動機，讓你在創業途中發生挫折的時候，能夠給你重新站起的動力！

在神經語言學（Neuro-linguistic programming ，簡稱 NLP）當中有一些方法，可以幫助自己釐清創業的動機。現在，你只要依照這些問句回答，確實地做練習，就可以找到自己的創業動機！

🕮你為什麼想要創業？

....

🕮是什麼讓你想要達成上述的目標？

....

🕮完成上述目標，會讓你有什麼樣的感覺？

....

🕮可以詳細描述達成目標的情景嗎？你會看到、聽到、感覺到什麼？描述得越詳細越好。

....

1-4 創業成功需要什麼特性？

信心，是成就許多事情最重要的基石。

創業者的成功模式很多，有許多五花八門的方法，有些甚至讓你覺得不可思議，所以如果我們要去學習創業者的成功方法的話，那是怎麼學都學不完的。

但是這些創業成功的人，卻有著一些共同的特質，我整理了一些資料、創業者的分享及自身的經歷，整理出11條創業者的思維，這些創業者的思維非常地重要，你能不能創業成功，最重要的不是人脈、資金、技術，真正的關鍵是培養「成功者的心態與特性」。

但是我也要提醒創業者，這11條創業思維不是金科玉律，這些特性都是原則，你必須要斟酌做出相應的調整。就像我說要有冒險精神，不是要你傻傻往前衝，而是要去思考最差的後果之後，確定了最大損失之後，剩下就是往前邁進；我提到要負起責任，不代表全部都是你的責任，而是你要有勇於負責的心態，重點是「勇敢」。

最後我要再次強調的是：這些特性跟思維方法都是原則性，所以還是要依照自己的特質和環境做出調整，這樣才能夠事半功倍。

新手創業思維1：

自己要負起一切責任

很多新手創業者在尚未創業前都是公司雇員，通常雇員有兩種習性，那就是「抱怨」跟「推卸責任」！抱怨的內容包括老闆、同事、客戶、下屬以及生活大小事情，會抱怨老闆不支持自己、抱怨同事不好相處、抱怨客戶難搞、抱怨下屬不好管理，甚至抱怨上班路途遙遠、抱怨下雨天要穿雨衣很麻煩等。但是卻從來沒有想過，這些抱怨其實一點意義都沒有，只有增加自己的不愉快，但是你什麼也沒得到。

至於推卸責任部分，那就更精采了。如果有一件事情出了問題，就會開始玩起「抓交替」的遊戲，內容無非是「誰是這件事情的主導者」、「誰在什麼環節出問題」、「這些都不是我的錯，我已經做好我分內的事情」等。

這時候責任就像足球場上的足球，被所有人踢來踢去，最後看誰沒有辦法踢出來，那就是誰倒楣！事實上，願意負責任是創業者非常重要的特質，因為當你願意對事情負起責任的時候，才會讓你去思考如何做得更好，激發出你的真正能力。身為一個創業者，最重要的覺悟就是負起一切責任。當你開始創業的時候，負起所有成敗的人，就是你自己！

很多新手開始創業的時候，很容易會忘記這份事業是自己的，會認為自己仍過著穩定的生活，朝九晚五、週休二日，甚至會想要抱怨工作內容太多等，這些都是新手創業家常犯的錯誤。所以當你決心要創業的時候，第一個要改變的思維就是停止抱怨，開始為事情負起責任！

☺ **練習**：先準備一本小筆記本，然後從現在開始的一個禮拜之內，用心地觀察你說話的內容，大概記錄一下你每天有多少次的抱怨，還有多少次的推卸責任。什麼樣的說話內容是「抱怨」呢？像是：我覺得老闆對我不好、我覺得誰不好、我討厭工作、我覺得我家人不關心我、我覺得我運氣不好等，都是抱怨。

什麼樣的內容是「推卸責任」呢？像是：這不是我的問題、這應該是誰要負責的、某某人都沒有把事情做好等，這些就是推卸責任。當你仔細地觀察你說出的話語，並且承認自己過去容易抱怨與推卸責任，那麼你才能開始轉換念頭，讓自己為自己負起責任！

新手創業思維2：

對事業要有絕對的自信

信心，是成就許多事情最重要的基石，如果沒有信心的話，做起事來絕對事倍功半。同樣地，創業者必須要相信自己的事業，因為任何事情都剛起頭，團隊所有成員都沒有辦法知道未來會在哪裡，這個時候你就是非常重要的定心丸。

你要成為所有人的指南針，指引他們朝目標前進，如果你對於自己所要達成的目標，都沒有任何信心可以達成，那麼還有誰會相信能夠做到呢？

漫畫《海賊王》當中，魯夫從剛開始就很確定自己的目標，他不斷地昭告天下：他就是要成為海賊王的男人。即便那時候他根本沒有任何夥伴，但是他有一個很堅定的信心，知道他的目標要往哪去，這樣才會讓其他夥伴對魯夫有信心，自然就會被他感召而成為團員。

所以當你開始創業的時候，不管你的團隊多大、多小，你就是領頭羊，你必須要能夠帶領團隊度過所有的黑暗、困難。無論碰到任何風雨，你永遠都是團隊的燈塔，讓他們能夠順利地度過所有的猜疑及害怕。這時候信心就是你非常重要的指引！創業者跟一般人最大的不同，就是對自己有著偏執的信心！當初我、弟弟跟創業夥伴選擇要開店的時候，大多數的家人都很反對，他們都覺得我們不可能成功。

我爸爸甚至跟媽媽說：「這間店一定做不起來，你等著看我們幫他擦屁股吧！」剛開始的時候，生意非常地慘澹，一天營業額不到2千元，連成本都不夠，還要媽媽幫忙墊錢。但是無論如何我都相信，我們一定可以做起來的，不管別人怎樣唱衰我，我們都決定要讓別人知道，他們是錯的！經過不斷改變商品及策略，在5個月之後，一天營業額超過一萬元，讓很多親朋好友跌破眼鏡。

☺ **練習**：找到一個過去成功的經驗，然後彷彿自己已經身在其中，你會看到周遭的場景、人物，聽到周邊的所有聲音、感覺到你所感覺到情緒，在情緒最高亢的時候，對自己說：「我是一個非常有自信的人，我對我所做的事情充滿信心！」你可以找出很多過去有自信、成功的經驗，不斷地加強自己的信心，讓自己可以自動產生信心，並且克服一切困難！

新手創業思維3：

要有冒險嘗試的精神

在小的時候，我常常會聽到大人說：「好好念書、聽老師的話，考上好的大學，就可以找到好的工作，過一個安穩的人生」。但，這是一個非常大的騙局，很多人都是這個謊言的受害者。事實上，根本沒有所謂的安穩人生，因為當你覺得安穩的時候，就是你開始退化的開始。為什麼？因為你會漸漸習慣在這樣的環境當中，最後就變得不思進取，喪失前進的動力。

冒險，是人們與生俱來的本能。當你還是小寶寶的時候，你用觸摸、碰撞來認識這個世界，你從來不會知道什麼是安穩、不知道什麼是害怕。但是教育教會你害怕、恐懼，扼殺了你的冒險精神，當你開始習慣安定的時候，你就會沈溺在這些安全的環境當中，忘記了其實冒險才是你的天性！

旅遊的時候，我不喜歡去太多人推薦的景點，而是挑少人走的小路，有時候會覺得自己很冒險，但是我卻可以看到不同的風景。創業，就是一個冒險的過程，在過程當中你會不斷突破以往的舒適圈，重新燃起你體內那股熱愛冒險的火焰，讓人熱血沸騰！

在創業的過程當中，發現到冒險精神是可以被培養的，當你踏出第一步的冒險旅程時，你會發現到你的能力、經歷、見識都不斷地提昇，你會看到一般人看不到的景色，也就決定你不同的人生。所以，大膽地冒險吧！

☺ **練習**：很多人習慣上下班的時候，都會走同樣的路徑，甚至數十年如一日，現在我要你做的練習是：至少開發五種不同的上下班路徑。我以前在內湖上班的時候，第一次是從民權西路接民權東路，然後左轉瑞光路。然後我開始嘗試走圓山飯店、大直、然後到瑞光路。後來我也嘗試坐捷運、經過大直橋或是坐公車等，每一種不同的路線、交通工具，都可以看到不同的風景，也可以擴大我腦海中的地圖。

☺ **練習**：每週至少做一次過去沒有做過的事情。像是我以前沒有稱讚別人的習慣，那就不妨在這週試著稱讚一下別人；或是一個人前往過去沒有去過的地方，去嘗試不同的感覺；或者是你可以學習一個新的技能、樂器等，都會讓你有不一樣的感覺喔！

新手創業思維4：

強烈的企圖心

很多人都會使用企圖心這個字眼，但是卻說不上來企圖心是什麼。我認為企圖心就是你想要達成目標的慾望，強烈的企圖心就是達成目標慾望非常強烈。當擁有強烈的企圖心時，就會積極地去行動、去奮鬥，為了目標去前進，會絞盡腦汁地思考任何達成目標的方法。

簡單來說，企圖心就是達成目標的動力系統。對於創業者來說，必須要擁有強烈的企圖心！當擁有強烈達成目標的慾望時，才會有動力去推廣自己的業務，去建立屬於自己的事業版圖。

再來我們就要談談，什麼是目標？

很多人談到目標就會想到業績目標，或是設定目標的方法，但是我這邊提到的目標比較不一樣。我在這邊提到的目標是指：你想要完成的狀態。譬如說：「我在某間公司提出了一個很棒的企劃案，但卻不受公司青睞，出來創業是為了要證明那份企劃案是可行的。」或者是：「我看到一些寵物美容業者，並沒有照顧到寵物的需求，所以想要打造一個全台北市最好的寵物美容中心。」

也可以是：「我想要推廣健康茶飲的觀念，要讓更多人喝到健康、無毒、不會肥胖的飲料，讓客戶身體更加有活力。」當擁有這樣的目標，搭配上達成目標的強烈慾望，當然就會讓事業更有動力。

同時我也要提到，這邊的目標不見得要是正面的，不要強迫自己寫出「世界和平」或是「讓大家生活更好」等狗屁八股目標，請記住，企圖心是你的動力來源，永遠不要欺騙自己。

我有一個活生生的例子：小學升國中的時候，老師曾經告訴我，如果我不補習的話，沒辦法考上前三志願。為了證明老師是錯的，我設定了一個目標，就是要穿前三志願的校服，去找小學老師。等到我上了建中之後，我還真的穿了校服去找小學老師。

簡單來說，當時我就是為了要復仇、要證明老師是錯的，所以我考高中的時候非常努力，這樣的目標正面嗎？當然不！但是這目標給了我動力，讓我擁有好的結果。但是現在想起來，我反而會真心感謝我的小學老師，如果沒有他的那番話，我就沒有那麼強烈的企圖心。所以不需要管目標正面與否，重點是它有沒有辦法讓你充滿動力。

☺ **練習**：你開創這份事業的目標是什麼？花一點時間去想想，到底創業要達成的狀態是什麼？證明自己是對的？還是要給別人什麼樣好的產品或服務？

不管答案是什麼，你都要順從自己的心，就算目標感覺很負面，像是：「我要讓別人知道我可以創業成功！我要證明別人是錯的！」那也是你的目標！

☺ **練習**：寫完目標之後，現在你去想像一下，如果你達成目標之後，你會看到什麼、聽到什麼、感覺到什麼、你會做什麼？

就像我上面提到的例子一樣，我會穿校服回到母校來證明老師是錯的，還有看到別人羨慕的眼光。你最好能想得越具體越好，這樣你才會更有動力、激發強烈的企圖心。

新手創業思維5：
允許自己犯錯

在學校的時候，學生都在尋求正確答案，我們每錯一個題目就會被扣分，在這樣的教育模式之下，我們都養成「不犯錯」的習慣。

出了社會之後，開始到了公司體系當中，一樣會抱持著這樣的想法，讓自己盡可能不要犯錯，這樣才是「對的」！也正因為這樣的思維模式，讓很多人會認為世界上一定有一條「對的路」，可以保證我們在未來一帆風順。但是，對於創業者來說，這是一個「思維毒藥」！

創業，是一個艱辛的過程，也不是努力就會有收穫。它不是學校的數學考題，一加一就會等於二；也不是化學方程式，氫加氧經過能量刺激就可以變成水。

創業，有時候是一種藝術，別人使用的成功方法，卻不一定適合自己，所以如果你是第一次創業，那就會有很多的跌跌撞撞，會有很多的嘗試，每一次的嘗試、每一次的犯錯，都是為了讓你獲得更多的經驗值，所以身為創業新手，一定要允許自己犯錯！

我要告訴你的事情是：當你願意不斷去嘗試、去犯錯的時候，你在創業路上就會越來越輕鬆。為什麼？因為你多去嘗試的時候，才會知道什麼樣的行銷模式可以有效果、什麼樣的行銷方式是無效的！你也可以知道，什麼樣的領導可以凝聚團隊、什麼樣的領導方式會讓團隊四分五裂！如此一來，你就會逐漸摸索出自己的創業之道，領悟出屬於自己的創業心法。

大學畢業之前，我一直在思考未來的出路，因為從小生長在創業的環境當中，所以就萌生了創業的念頭。那時候我就想，想要創業成功，就需要知道老闆們怎麼想，所以我在畢業之前看了很多大老闆的傳記。

在多數老闆的傳記中，都有提到過去曾經當過業務的背景，他們都有提到業務的訓練，這在在創業路上有非常大的幫助。所以在畢業後，我就選擇了一個業務工作，像是傳直銷、ADSL業務、保險業務等，甚至去上業務培訓的課程，但是到現在我的業務一樣做得很爛！不過也因為有很多錯誤的經驗，我才發現到所謂業務，並不是只有一種方法，而是要先了解自己的個性，然後再找到適合自己的業務方法。

對我來說，我是一個內向害羞的人，所以沒辦法一開始就陌生人很熟悉，所以我開始，跟我逐漸了解到我的業務之道，就是透過文字表達，當我了解這個道理後，我發現到其實做業務不只有一種方法。然後我開始把我領悟的方法用在我的工作上，開拓了許多不同的機會，慢慢走出屬於我的業務模式。我認為在創業路上「犯錯並不可恥，不犯錯才可恥」，所以請讓自己多犯錯吧！

但是我得要提醒你，允許自己犯錯的同時，也要有分析自己錯誤點的反省能力。如果你不懂得承認自己的錯誤，甚至反省自己的錯誤，那麼就算是錯一百次，你也不會從中得到經驗。

☺ **練習**：從現在開始，允許自己犯錯。但是錯誤之後，就要問自己：「從這次的經驗當中，我學到什麼？」、「透過這樣的錯誤，我增加了什麼樣的能力？」

新手創業思維6：

堅持到底的決心

堅持，是一個非常難的一件事情！有時候成功其實離你很近，只要你願意堅持下去就可以得到，但是卻因為你放棄，而什麼都沒有。

在《思考致富聖經》中有則很經典的故事，A先生聽說某座山蘊藏著豐富的金礦，所以他花大錢買了挖金礦的機器，準備開採金礦而成為大富翁。沒想到挖了一年之後都沒有任何結果，心灰意冷的他只好把器材便宜賣給B。接手的B先生則採取不一樣的作法，他先請專家確定是否有金脈以及金脈位置，原來金脈位置離A先生挖到的地方，距離非常地近，然後B先生才開始挖坑道採礦，最後因此賺了大錢。

A先生聽到了這個消息之後非常扼腕，原來他只要再堅持一下就可以距離財富這麼近，但是在最後那一里路的時候放棄了，所以什麼都沒得到。最後A先生轉行當業務，記取了這次教訓，他對任何事情都會堅持到底，最後成為一個傑出業務人員！

在創業的過程當中，一定會碰到很多的困難挫折，都會讓你興起想要放棄的念頭，特別當你資金用盡、公司卻還沒有收入、廠商要請款、家庭要生活費、親朋好友要你放棄、別人在背後說閒話等。

當你感覺到非常窘迫的、倍感壓力的時候，你一定會想：「算了吧！幹嘛要創業，吃力不討好。」或是「我幹嘛這麼累！我之前有這麼好的收入，為了創業搞得筋疲力盡、傷痕累累，何必呢！」然後你就放棄了。

但是或許一筆大訂單已經在等你了。在《論語》當中有段文字：「譬如為山，未成一簣；止，吾止也！」意思是：就像是堆土成山，雖然只差一筐土就完成了，但是我卻選擇在這時候停下來，那是我自己停止了努力！

《孟子》也提到：「有為者，譬若掘井，掘井有仞深，而不及泉，猶為棄井也。」意思是：想要有所作為的人，就要像掘井一樣堅持等到泉水出現，要不然就算掘到九仞深那麼深，還沒有看到泉水就罷手的話，那仍然是一口無用的廢井！所以當你快要放棄的時候，告訴自己：「再撐一下下就會越來越好！」相信我，真的會越來越好。

☺ **練習**：如果在創業的時候，受到諸多壓力的時候，要怎樣堅持下去呢？

我的方法是：不要聽！不要想！朝著目標邁進。我曾經聽過一個青蛙的故事，也是不斷激勵我的故事。有群青蛙住在廢井裡面，沒有辦法出來，時間一久也就習慣了。有天，一群小青蛙決定要出去外面看看，決定要往上爬出廢井，這時一大群青蛙圍繞著小青蛙們，告訴他們：「這路太難走了！絕對辦不到的！」這時候有一部分青蛙打退堂鼓了。

等到小青蛙開始往上爬的時候，下面的青蛙又說：「你們連一點勝算都沒有，快下來吧，別摔著了！」小青蛙們聽到，一個接著一個放棄了。但還是有些小青蛙踏著輕快的節奏爬得更高，下面的青蛙們開始嘶吼：「快放棄吧！這太難了！沒有人能夠成功！」於是，又有一批小青蛙放棄了。最後只剩一隻小青蛙愈爬愈高，最後終於爬出井口了。

所有的青蛙們都想知道他是如何辦到的，這時候那隻小青蛙的媽媽開口說：「我兒子是聾子，他聽不到你們說的話。」

新手創業思維7：

擁有好的紀律

看到紀律這個字眼，你或許會說：創業不就是要擺脫雇員時候的束縛嗎？

事實上，創業跟雇員的紀律是截然不同的。在當雇員的時候，所有的一切都必須要按照公司預定的行程走，這時候是被強迫要遵守，是一種被動的紀律。

但是身為一個創業者，所有的事情成敗都在自己身上，所以創業者真正要學習到的是「自律」！而且我們這邊提到的紀律，不是中規中矩、死板板的規則，或是要你絕對服從的規矩；紀律的意思是：你每天不斷重複練習的能力，這也是創業者最重要的能力之一。

世界上有成就的人都有一個最重要成功秘訣，不管是優秀的企業家、運動員、音樂家等等這些不同領域的傑出人士，都非常強調這個秘訣，如果喪失這項秘訣，他們無法成為頂尖人士！

這個秘訣就是：紀律！十九世紀西班牙小提琴家薩拉塞特成名後，很多人都稱他為音樂天才。等到記者訪問他的時候，他感慨的說：「37年來，我每天要練琴14小時。你們卻稱我是天才！」

日本棒球選手鈴木一朗，他在小學的日記上面就寫：「我3歲的時候就開始練習了。雖然從3～7歲練習的時間加起來只有半年，但從3年級到現在，365天裡，有360天都拚命的練球。所以，每個禮拜和朋友玩的時間，只有5、6個小時。我想這樣努力的練習，一定可以成為職棒球員。」

為什麼創業者需要紀律呢？因為創業者身在一個自由的環境當中，沒有人是你的老闆，你可以決定今天要不要上班、要不要進公司、要不要接案子等。

但也正是因為太自由，如果你沒有好的自律能力，就會迷失在自由的陷阱當中！我到建中的時候就有老師說過：「建中最大的好處是自由，但也是最大顆的毒藥！」在建中，老師不會管學生的進度跟成績，這時候學生就需要自己安排自己學習進度，如果沒有擁有好的紀律，那麼就會讓成績一落千丈。

曾經有一個公司的總經理跟我說，他不管前一天晚上應酬到多晚，隔天七點一定出現在辦公室。這，就是紀律！

☺ **練習**：從小事情培養紀律。去想想看你想要培養什麼樣的習慣，譬如說：每天運動20分鐘，那麼就讓自己每天挪出20分鐘來運動，不准找藉口，不管刮風、下雨、打雷，你一定要去完成。這樣持續兩個月之後，在找另外一個想要養成的習慣，這樣你就會慢慢明白紀律的重要性！

新手創業思維8：

處理問題的彈性

不管你是不是創業家，你每天都會處理大大小小的問題，但是你都是怎麼處理問題呢？大多數人都是用「慣性」來處理問題。

譬如說：如果過去你遇到客戶拒絕自己的時候，就會開始生氣。結果昨天又遇到客戶拒絕你，這時候你浮上心頭的就是：生氣！然後開始抱怨客戶：「可惡，奧客！講了這麼久，也不跟我買。」

這就是慣性的處理方式，也是很多人處理問題時的狀態。但是身為一個創業家，你必須要有不同的觀點跟思維！

高中的時候，我的導師也是數學老師曾經告訴我們，數學題目通常不會只有一種解法，而是會有兩種、三種以上的解答方式，嘗試找出不同的解法，就是一種解決問題的能力。同樣地，同一種問題不見得只有一種方式來解決，可能有兩種、三種、甚至五種以上的解決方法。

但是如果你沒有去思考，就會變成只有一種解決方法，如果這個方法行不通，那麼就會陷在泥沼當中無法前進。舉例來說，很多企業面臨淨利下降的時候，最常做的事情就是降低成本、削減勞動支出（也就是裁員或減薪），但這就是我所謂的「慣性」思維的處理模式。

但事實上，淨利下降代表的問題很多，包括你的產業開始有了競爭者、產業開始越來越成熟、不必要的浪費、營利模式出現了問題，或是你的營業額下降等，而針對這些不同的問題，就會有不同的解決方法，甚至還有機會找到不一樣的利基市場。

我們開店初期，是把時間切割成早餐、中餐及晚餐；早餐賣皮蛋瘦肉粥、中餐賣麵食類產品，晚上則是賣炸雞，結果三餐加起來的營業額非常慘澹，一天不到2千元。大概10天後，我們覺得這樣不行，所以把早餐取消，中午改成肉羹麵，晚餐改成淡水阿給，業績雖然稍有起色，卻還是沒辦法支付成本。

後來媽媽建議我們改成炒飯跟炒麵來試水溫，結果卻受到極大好評。等到資金比較充裕的時候，再透過一些行銷方法，讓營業額不斷攀升，成為當地的炒飯名店。身為一個創業者，如果你沒有靈活的思維，讓自己擁有處理問題的彈性，那麼你就很容易停滯不前，如果你可以彈性地處理問題，那麼你就會發現，問題其實不難解決！

☺ **練習1**：下次碰到問題或是別人詢問解決方法的時候，千萬不要馬上說出解決方法，或是馬上執行解決方法，多問問看其他人的意見，或是問自己：「我還有什麼解決方法？」、「如果不按照以前的方法做，那我還有哪些方法可以用？」

☺ **練習2**：在《思考致富聖經》當中一種方法，那就是找幾個你崇拜的人或是榜樣，你稍微了解一下他們的生平跟思維模式後，想像你進到一個會議室，這些人都在會議室當中，等著你來詢問。

譬如說這些人當中有郭台銘、證嚴法師、巴菲特、賈柏斯等人，這時候你可以問：「巴菲特先生，針對這件事情,，你有沒有其他的建議方法？」或是「證嚴法師，如果您碰到這樣的事情，你會怎樣處理？」透過這樣的虛擬智囊團，可以幫你激盪出不一樣的解決方法。

新手創業思維9：
建立人脈的能力

很多人會說：「人脈，決定你的錢脈。」但是這句話其實省略很多字，事實上這句話應該是：「建立優質人脈，並妥善使用，會決定你的錢脈。」

我們要想想：為什麼要建立優質人脈？當你建立優質人脈之後，你的見識會變得不一樣。譬如說：認識的人都是中小企業的老闆，那麼你的想法就會跟他們同步，看事情的角度跟廣度也會不同。

《富爸爸窮爸爸》作者羅伯特清崎曾經在書中提到，你身旁最常接觸的10個朋友的平均年收入，就大概是你的年收入，因為你們的見識廣度與深度類似、話題也類似，當然收入也會類似，所以才會常接觸。人脈的優質與否，決定了你賺錢的能力。

那我們要怎樣建立優質人脈呢？第一點就是：建立自己的專業，並且提供讓人利用的價值。

在後宮甄嬛傳當中，浣璧（甄嬛貼身侍女）曾經說過一段有趣的話：「在這宮裏，有利用價值的人才能活下去，好好做一個可利用的人，安於被利用，才能利用別人。」

同樣地，你到底能夠提供多少價值給別人，就決定他們跟你交朋友的意願！除了建立自己的價值外，建立優質人脈更重要的是：真心交朋友！你對於他人真心的關懷，是別人願意跟你繼續當朋友的原因。

如果用武功來說，真心關懷是心法，而創造被人利用的價值是技巧，想要建立好的人脈，一定要心法跟技巧並用，才能得到好結果。

身為一個創業者，你必須要有建立優質人脈的能力，因為所有的業務根源都是「人」，如果你有辦法搞定人，那麼事業上面一定會越來越得心應手。

以我來說：多年前，我透過朋友介紹認識了廖翊君小姐，我就是把她當做朋友一樣，互相關心、聊天，沒有業務往來。當我決定離職成為一位作家的時候，其實我根本沒有任何這方面的經驗，也沒有任何業務來源，也從來沒有想過請她幫忙，但是她卻向出版社推薦我，幫助我踏上寫作這條路，讓我可以發揮我的才能。

這個過程讓我深深體會到人脈的重要性，發現到優質人脈可以幫助你在事業當中逐漸茁壯，所以身為一個創業者，一定要有建立優質人脈的能力。

☺ **練習1**：好好地想想，我的身上有哪些能力是別人需要的？譬如說：我懂得算紫微斗數、懂得寫文案等，這些就是我的能力，然後我在認識別人的時候，就會提到我過去的經驗有哪些、可以幫他們做哪些事情，這樣新認識的朋友就會對我有印象。下次有任何需要，對方一定會想到我！

☺ **練習2**：持續關懷朋友。不管是新朋友或是老朋友，都需要持續聯絡關心，逢年過節至少要一通電話或訊息關心。人是感情的動物，只要你願意付出真心關懷，就會建立許多好的人脈喔。

新手創業思維10：

要有行銷與銷售能力

我們之前有提到，創業家需要有買賣價值的能力，既然是買賣價值，就一定會牽涉到銷售，不管你是開小店面，或是開創一個公司，你都必須要能夠推銷你自己、你的產品、你的公司。

所以身為創業家一定要有銷售能力，如果你沒有銷售能力，就算你有再好的商品、再好的構想，一切都是白搭。但可惜的是：多數人在創業之前，並沒有認清「創業就是買賣」這樣的現實，所以很高興地創業之後，卻沒有任何銷售能力，商品、服務都沒有辦法銷售出去，公司沒有進帳，最後只好走向倒閉的命運。

你會說：我是做店面生意的，不需要做推銷啊！所以有很多人開店的時候，總認為把產品做好，就會有絡繹不絕的客戶上門，但是這樣觀念其實大錯特錯！當你走一趟市場或夜市，你會發現到有許多知名店家，都在卯足全力廣告自己的商品，會有門市人員在門口用大聲公喊著：「大降價！

大降價！每件衣服100元喔！」如果沒有這樣吸引別人的注意，夜市那麼多家服飾店，為什麼要進你這家？

身為一個創業家，千萬要記住：銷售就是收入來源！不管你是業務員、專業工作者、店面生意，或是開公司，如果你沒有銷售你的商品、能力、服務，那麼你就不會有任何進帳，不會有任何收入，當你資金燒完的時候，就是你創業失敗的時候！

所以怎樣銷售你的商品、能力與服務，絕對是事業最重要的成敗關鍵。

除了會銷售之外，創業家還要敢開口要求成交。很多人很會介紹自家的產品、服務，但是到了成交的時候，卻總是支支吾吾，不敢要求對方簽下訂單，然後開始把話題扯到其他地方，不願意再談案子的相關話題。

我在經營傳銷的時候，有一次對方已經有購買的意願了，但是我竟然還跟他說：「你還需要考慮一下嗎？」最後對方真的就開始考慮，然後就不了了之。現在想起來，都覺得想要搥死當時的自己。

後來我發現到，銷售到最後如果沒有要求成交，就像是考試的時候把試卷都寫完，卻沒有寫名字一樣令人扼腕。很多人不敢開口要求成交，是非常怕被對方拒絕，通常這些人會想：「與其被對方拒絕，倒不如不要開口，這樣避免很多尷尬的場面。」

如果你只想當一個上班族的話，這樣的念頭倒沒有什麼大問題。但如果你想要創業的話，那麼這樣的念頭會害死自己的事業！事實上，就算被拒絕，也沒有什麼大不了，只是代表他不需要這樣商品或服務，並不代表你不好！

而且對於創業者來說，有收入絕對比有面子重要！有收入代表公司可以營運、可以生存下來，等到你事業有成的時候，誰還會記得你趴在地上苦苦哀求的畫面？

☺ **練習1**：不管你現在有沒有自己的事業，想一想你目前最重要的商品、能力或服務是什麼，然後用最短的話，讓別人清楚知道你在做的事情。如果你在賣保險，你就要用最簡單的話，讓對方知道你這張保單的保額、保障範圍，什麼樣的狀況有理賠、什麼樣的狀況沒有，讓客戶知道你的商品是做什麼的。

譬如說我今天要賣一張定期人壽保險，我就要告訴客戶，所謂的定期壽險是有時間限制的保險，30年的定期壽險就是30年內如果沒有使用到的話，那麼你所繳的錢是無法領回的，

但是它保費相對很便宜，一百萬的保額每年只需要繳3千元，平均一個月大約兩百多塊，對於剛出社會的人是非常好的商品。透過這樣的說明，客戶會清楚了解到這項的商品特性、優點跟缺點。剛開始的時候或許很難，但是透過不斷練習之後，推銷工作對你來說就會越來越順手。

☺ **練習2**：開口要求成交。從現在開始，不管你在推銷理念、商品、能力或服務，千萬要記得開口成交！就算是用拜託的也沒關係。以前的我是一個臉皮非常薄的人，我不敢開口要求成交，因為我很怕被對方拒絕，我會在心裡面想：與其被對方拒絕，不如不要開口。

但是這種想法真的是大錯特錯！現在我出去跟別人談案子的時候，我都會說：「如果有需要的話，一定要記得我喔！」、「我還蠻需要案子的，記得幫幫我喔！」我現在會告訴自己，就算是用求的，也一定要想辦法爭取到案子！

新手創業思維11：

如海綿般的學習能力

創業家其實非常辛苦，因為要懂得項目非常多，舉凡行銷銷售、人事管理、財務金融知識、會計常識，甚至是領導統御等，都是創業家需要涉獵的範疇。

為什麼呢？這樣的道理很簡單，創業者最先要打交道的就是財務跟法律，要成立公司的時候，是該成立商號、有限公司還是股份有限公司？這就關係到公司法跟稅法。開始募資的時候，就會牽扯到財務的部份。

開始生產的時候，就會牽涉到品管問題。要把產品推廣出去的時候，就會產生如何行銷與銷售的問題。要做好人事管理的時候，就需要了解管理及領導統御。

除了上述的領域外，公司中還有更多需要學習的東西，所以身為一個好的創業者，就需要不斷地學習各種不同的知識與技能，這樣才能夠了解不同領域的學問。

既然創業者需要學習不同領域的知識，就需要像海綿般的學習能力，而學習力最重要的就是：好奇心。優秀的創業者一定要像小孩一樣，對於任何事情保持高度的好奇心，需要從每一次的對話、課程或是經驗當中，學習到不同的事物。

我曾經聽說台塑創辦人王永慶先生，是一位非常好學的人，他很喜歡找不同領域的人到他的辦公室裡面聊天，他請教不同領域的專家，並且虛心學習對方的菁華，然後內化成他的知識。這就是為什麼王永慶先生只有小學畢業，但卻擁有豐沛知識與經驗的原因。

☺ **練習1**：讓自己擁有追根究柢的好奇心。給自己一個月的時間，在這個月當中你做任何事情、聽到任何話，都讓去思考其中的原因。

譬如說：當你碰到一個業務高手的時候，除了聽他說之外，你要發揮追根究柢的精神，問他如何銷售？銷售過程中最重要的關鍵點是什麼？如果他現在重新開始，他會怎樣做，來贏得客戶的心？當你問這些問題的時候，你就會開始學習到不同領域的知識，也就開啟了學習能力。

☺ **練習**2：報名一門商業課程，並且要求自己在課程中百分百投入。我過去學習過很多商業課程，但都是似懂非懂，不過我要求自己百分百投入，讓自己盡可能地去記得所學的知識，等到後來真正用上的時候，就可以把學理跟實務結合在一起，能力自然會倍增。

Chapter 2

創業之前，我要做什什麼樣的準備？

通常你喜歡的領域，也就是你夢想之所在，正因為是你喜歡的產業，所以你會願意投入大量精神去經營。

2-1 要選擇什麼樣的領域創業？

唯有找到創業的動機，才能在創業之路上堅持下去，成為出色的創業家。

該怎樣選擇創業的領域呢？

該怎樣選擇創業的領域呢？很多人會告訴你，要選擇一個有前景的產業投入，這樣才可以賺到錢，我的答案卻不是這樣。

我認為選擇創業的領域有兩個標準，第一個是選你喜歡的、夢想的領域進行創業；第二個則是選你擅長的領域進行創業。

選擇自己的夢想

通常你喜歡的領域，也就是你夢想之所在，正因為是你喜歡的產業，所以你會願意投入大量精神去經營，這樣的你會比較有動力前進，遇到挫折的時候，也比較能夠快速復原。因此，我想要先談談「夢想」這件事情。

很多人經過社會的洗禮之後，越來越不相信心中的夢想，甚至最後捨棄了夢想，大前研一曾經說過：「如果你有夢想，不要等以後，現在就可以開始進行。」

我曾經寫過很多關於夢想的文章，我最喜歡的一篇是：你為什麼要有夢想？

為什麼要有夢想？

世界上，每天都有人擁有夢想，也有很多人夢想幻滅，數以萬計的人用夢想引誘人進入溫柔騙局和消費陷阱，同樣也有數以萬計的人完成了夢想。

傳銷商、保險主管用夢想吸引你加入他們的行列，廣告商用夢想刺激你消費，創業人用夢想打造屬於自己的王國，藝術家用夢想美化這個世界，宗教家用夢想淨化人心，神棍用夢想騙取金錢，太多人用夢想來成就自己、成就他人，也有太多的人用夢想來欺騙別人、欺騙自己，也有很多人「沒有夢想」。

為什麼要有夢想？有人說：「夢想是虛幻的。」沒錯！有人說：「夢想是一種妄想。」沒錯！也有人說：「這輩子所有的夢想都沒有實現，所以夢想是空的。」沒錯！更有人說：「我因為夢想而損失慘重。」沒錯！無論夢想是好是壞，都是你的看法，都是你認為對的事情。

你聽到這或許覺得納悶：「那夢想對我到底有什麼用？你都說成這樣，到底我們是要夢想好、還是不要夢想？」

我的觀點是：夢想是一個導引，無關好壞、沒有對錯。簡單來說，我認為夢想就是人生的指南針，引領你走向上帝的應許之地，讓你成為你應成為的人。當你願意相信夢想，走向未來，迎接新生的自己，成為生命中真正應該成為的那個人，這樣的夢想，比起只為了追逐金錢與享受，不是更有意義嗎？

我認為：夢想是成就，不但成就自己的財富、也成就他人的財富；不只成就自己的幸福、也成就他人的幸福；可以成就自己的享受、也成就他人的享受；最後能成就自己的使命、也成就他人的使命。我認為這些才是夢想給我們最棒的禮物。

我認為在尋找自己的夢想的時候，一定要敢做夢，不管你現在知不知道如何實踐它，你一定要敢夢。事實上，築夢就是一個英雄的旅程，英雄們都是為了一個夢想去冒險、行動，經過千辛萬苦才得到所渴求的願望與夢想。

所以，把自己想像成英雄，開啟這段通往夢想的英雄之旅，勇敢地作夢。

當你願意去找出夢想的時候，你可以採用「夢想拼圖」的方法來找出自己的夢想，「夢想拼圖」事實上就是「夢想板」或稱為「願景板」，而因為我們有稍微加入一些有趣的方法，所以我們喜歡把它稱為「夢想拼圖」。

當你願意做出自己的夢想拼圖的時候，將會有不可思議的力量會進入你的身體內，協助你完成夢想，將會有你所渴望的資源，一一出現在你的生命之中。當有了夢想拼圖之後，就可以更認真地去對待你的生活，正視你的生命。

可是夢想拼圖並不是你真正的夢想，它只是開啟真正夢想的一把鑰匙，真正的夢想通常不是一個「物質的」，而通常是「精神上的」、「靈魂上的」，當你願意每半年或是每年重新更新你的夢想拼圖，真正的夢想就會更清楚，然後你就會找到你人生中、你生命裡最重要的夢想。

但是，無論是真正的夢想或是一般的夢想，都是夢想。夢想沒有貴賤、沒有對錯、沒有大小，只要是你生命中要的，就是你應該擁有的夢想。

築夢的過程中或許艱辛、或許有阻礙，甚至是有讓你身心煎熬的事發生，但是這都是你的夢想所給你的考驗，也是英雄旅程中必要的磨練，當你堅持你的夢想，到最後你會看到美麗的彩虹出現在暴風雨之後。

練習：花一點時間找出你夢想中的圖案，像是：你想要的車子、想要的工作、想要的生活環境、想要對世界有什麼貢獻、我要賺多少錢、想要的房子等，所有能代表你夢想的一切，都把他蒐集起來。

然後你把這些圖案剪下來，找一張海報紙貼起來，然後每天去看、去想，達成這些夢想之後，我會有多爽？對我來說達成夢想，代表怎樣的意義？

當你找到夢想之後，那更細部地去思考：這些夢想要如何達成，我可以透過怎樣的事業來完成？絕對不是要給自己設下限制。

譬如說：我要環遊世界，所以我要賺大錢！這樣想法就有限制了。你可以說想：我可以去考國外領隊執照，帶團出國遊玩。或是：我強化自己的語文能力，讓自己成為公司的外派業務，這樣是不是也有可能達到環遊世界的夢想？

2-2 選擇自己擅長的領域

除了投入夢想的產業外，你還可以選擇你所擅長的產業進行創業。

除了投入夢想的產業外，你還可以選擇你所擅長的產業進行創業。選擇自己擅長的行業第一個好處是：你熟悉的地方，做起事來自然就會如魚得水。

我家從國中開始就是經營餐飲相關的行業，所以我們在創業的時候也選擇了餐飲業作為起點。當我們開店的時候，我們省去了很多摸索的時間。像是產品的改變，前面有提到創業初期的時候，我們嘗試了許多不同的產品，但為什麼我們可以很快地轉換產品呢？

這就是過去餐飲所打下的基礎。事實上我們所轉換的餐點類型，都是過去曾經販賣過的，不管是作法或是比例，都不需要經過研發的過程，我們只是試著找出當地客戶最喜歡的餐點。所以選擇自己擅長的領域，會比較容易上手。

第二個好處是：選擇自己擅長領域，你也可以得到比較多的資源。一般來說市場上的規則是：訂貨量會決定你的成本。當你貨量叫得越多，廠商願意給你的價格就比較低；你叫的貨量少，成本相對會比較高。

我們剛開店的時候，其實叫的貨量都不多，但因為這些都是過去有配合過的廠商，所以他們願意用過去的價格賣給我們，降低了不少成本支出。

除了有形的物質資源之外，還有許多無形資源。譬如說人脈資源等。我曾經採訪過一家寵物美容店，原本店長就是寵物美容師，後來創業的時候，許多死忠的客戶也一樣跟著他，讓他一開店就有業績，而且客戶還會幫他介紹客戶。所以選擇自己擅長領域，可以得到更多的資源。

第三個好處是：選擇自己擅長領域，會比較有自信。我開始進行我的寫作事業時，因為這是我所擅長的能力，所以我跟別人談案子的時候，我會顯得有自信，我可以拿出我的作品，我可以讓別人知道我的能力在哪，我可以讓對方知道，這就是我的專業。但是我當時做傳銷的時候，雖然我都會告訴別人，傳銷讓一般人都可以成功，但是還沒有賺到錢之前，我打從心底就不相信自己可以在這邊成功，而這樣的信心雖然沒有說出來，卻會影響到整個銷售過程。

所以選擇自己擅長的領域，會比較有自信，表現也會不一樣。

第四個好處是：選擇自己擅長的領域，會比較容易找到利基點。當你對該產業很瞭解的時候，你自然會知道怎樣可以賺到錢、怎樣會賠錢，可以比較容易找到利潤空間。

我採訪過一個汽車包膜店，原本這家店是在做手機包膜，但是當手機包膜利潤空間越來越少的時候，他們開始轉攻氣、機車包膜，很快地在包膜產業當中，找出另一片藍海，利潤遠比手機包膜來的好。所以選擇擅長的行業，可以容易掌握產業脈動，找出利基點。

2-3 如何找到我的專業？

想要創業，卻不知從哪裡開始，我會建議先找好自己方向，再投入你想要的產業，成功的機率會比較高！

如果你對於想要投身的領域還是很模糊的話，我會建議用另外一種方法來找到你想要做的事情。這個方式就是有四個很重要的步驟：

步驟一：找到「你喜歡做的事情」

步驟二：找到「你的能力所在」

步驟三：找到「別人願意付錢的事情」

步驟四：找到以上的交集點。

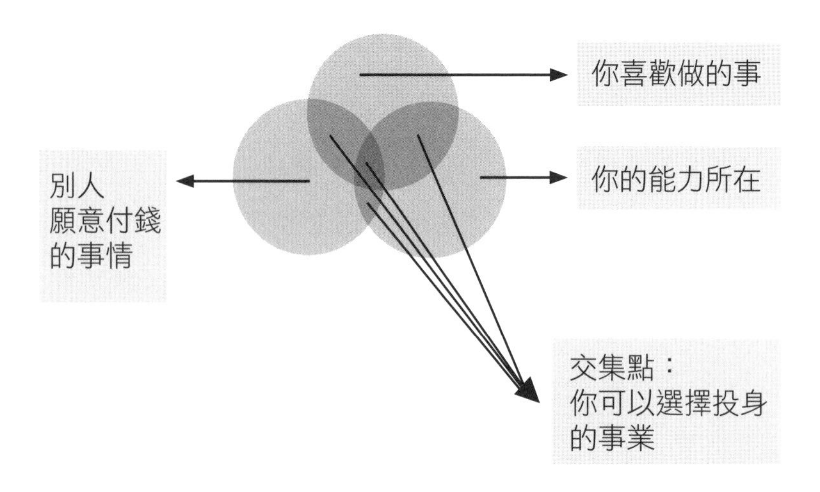

你喜歡做的事情：

我們怎麼要找到自己喜歡的事情呢？其實我們可以透過幾個問題來幫助自己釐清這樣的問題。每一個問題後面我都會說明一下，讓你更清楚問題的目的是什麼！

問題一：如果你已經非常有錢了，有錢到不需要賺錢過生活的時候，你會想要做什麼事情？

這個問題是要你想像，當你不需要為錢工作的時候，你心底真正想要做的事情是什麼。

對我來說，這個問題的答案有很多，其中一個是教育。如果能夠透過教育，讓更多人找到他自己或是找到自己的方向，培養能力而非填鴨，是很棒的一件事情。

問題二：我在做什麼事情的時候，會讓我彷彿忘記時間的存在，有時候以為才過10分鐘，卻已經過了1小時？

對我來說，我最喜歡的事情就是跟別人聊天，當我話匣子一打開，可以聊個4、5個小時，還覺得時間怎麼過的這麼快。

問題三：如果一個月後你就要跟世界說再見，你最想做的事情是什麼？

這個問題跟第一個很類似，差別是透過時間的緊迫性，會找出你最想做的事情。對我來說，我會想要把我所了解的知識或資訊，告訴更多的人。

問題四：你做什麼事情的時候，會有「什麼！已經過了這麼久，但我卻一點都不覺得累！」或是「就算熬夜完成我也不覺得辛苦！」的感覺？

這個問題其實也可以這樣問：你做什麼會很專注，完全沒有感覺到外界發生的事情。對我來說，當我開始思考的時候，我會忘記我所處的環境當中；另外，當我跟別人辯論或聊天的時候，要我熬夜也都可以。

問題五：我做什麼事情的時候，會讓我感覺到非常興奮？（對我來說，當我抒發自己的理念，或是教導別人新觀念的時候，我會非常興高采烈，感覺上充滿活力。）

你的能力所在：

問題一：我認為我的天賦智商在哪？

博多雪佛在《億萬富翁的賺錢智慧》當中，舉出了11種天賦智商，可以當做你的參考：

1. 音樂的智商。
2. 語言的智商。
3. 知識的智商。（活的百科全書）
4. 分析的智商。
5. 空間的智商。
6. 實踐的智商。

7. 身體的智商。

8. 社會的智商。

9. 直覺的智商。

10. 企業家的智商。

11. 演員的智商。

這個問題其實很籠統，但是它幫助你去分出了11種面向，可以讓你比較順利找到自己的方向。所以這個問題只要你認為有這樣的智商，你就用力給他選下去吧！

問題二：你過去的經歷當中，做什麼事情是最容易成功的？或是你做什麼事情最得心應手？

簡單來說就是你過去的成功經歷是什麼？我最喜歡的成功經歷就是編輯系刊。在編輯系刊的時候，你需要強大的整合能力，你要能夠順利統合老師的稿件、修稿、編輯、聯絡印刷廠商、發放稿費等。讓我發現到原來我非常擅於整合不同的工作，讓系刊如期完成。

問題三：去問問其他朋友，他們覺得你擅長的能力是什麼？

有時候就是當局者迷，旁觀者清。在我24歲的時候，就曾經有一個朋友跟我說：「又旻，我覺得你非常適合寫作。」但是那時候我一心只想著建立一番事業，根本聽不進他說的話，後來我才發現到，原來寫作真是我的才華所在。

問題四：我做什麼事情又快又好？

你總是會發現，有些事情對你來說就是小意思，你只要動動小指頭，事情就很快地完成。對我來說，找出事情的獨特性，是一件非常容易的事情。

問題五：我學習最快的能力是什麼？這個能力我彷彿就是本能，只需要一點學習就可以得到很多收穫？

我當時應徵優活健康網的工作時，只是一個助理記者，畢竟我不是新聞科系出身，寫個新聞稿都會被念的半死。

但是兩個月後，主管卻把一些緊急、重要的新聞都交給我寫，最後他還跟我說：「又旻，這些新聞實務，你真的學很快！」這時候我才知道，原來我是有寫作、找新聞點的能力的。

問題六：列出你自己的20種能力或才華。

透過列出才華清單，可以更清楚認識你自己的核心能力。當然你要列出50個、100個當然更好。當你列這些清單以後，把能力相似的合併在一起，看看有哪些有重複到，那就表示該方面的能力很好！

別人願意付錢的事情：

問題一：你過去曾經透過怎樣的方式賺到錢？（大學的時候，我曾經透過寫作和編輯賺到錢。）

問題二：做哪些事情的時候，你覺得收錢是理所當然的？（對我來說，別人叫我寫文案的時候，我會覺得收錢是理所當然的。）

問題三：有那些是人家花錢、還要拜託你做的事情？（對我來說，寫作就是這樣，別人花錢請你做，還要拜託你寫好一點。）

問題四：回顧一下你的職業生涯，你最常做哪方面的事情？（我的職業生涯當中，最常做的事情就是寫文案。開店的時候，我也是負責寫文案的人。我當自由工作者之後，最常接的案子也是文案寫作。）

找到交集點：

當你確實完成這些項目之後，我們就要開始進行統整。你要找出這些答案有哪些共同點。

對我來說，我其中一樣的共同點就是溝通、演講、寫作、整合，所以當我找到這些項目之後，我就開始擬定我的目標及計畫，尋找適合的合作人脈，當然做起事來相對就會比較順利。

如果你想要創業，卻不知道要從哪裡開始，我會建議先找好自己的方向，再投入你想要的產業，成功的機率就會比較高！

2-4 進行公司設立

法律規定創業形式有兩種，一種是商號，另外一種是公司。

法律規定創業形式有兩種，一種是商號，另外一種是公司。

商號（或行號）是指依照商業登記法規定所設立，以營利為目的之獨資或合夥經營事業，負責人對商號需要負無限責任。

這個意思就是當你成立商號的時候，你可以是獨資、也可以是合資，但不管是怎樣的形態，負責任必須要對商號負無限責任，也就是說如果商號負債1千萬的話，身為負責人或是合資者，都需要負起清償責任。

公司是指依公司法規定組織登記成立之社團法人，股東就其出資額負責（無限公司除外）。依據公司法規定，公司總共有四種形態，分別是無限公司、有限公司、兩合公司及股份有限公司。

無限公司：指二人以上股東所組織，對公司債務負連帶無限清償責任之公司。成立無限公司通常是小公司初期營運，為了表示負責到底決心所成立的公司型態，但是目前這樣的公司型態已經非常少見，新創公司根本也不會成立這樣的公司型態。

有限公司：由一人以上股東所組織，就其出資額為限，對公司負其責任之公司。有限公司的意思就是負責人所需要負擔責任是有限的，譬如說今天某有限公司的資本額是100萬，但是公司卻因為被跳票而負債1千萬，那麼負責人就只需要承擔100萬的資本損失，剩下的債務負責人無需負責。

兩合公司：指一人以上無限責任股東，與一人以上有限責任股東所組織，其無限責任股東對公司債務負連帶無限清償責任；有限責任股東就其出資額為限，對公司負其責任之公司。成立兩合公司目的，通常是創業者為了表示負責到底的決心，讓其他出資股東負有限的責任，當公司出現危機的時候，不會連累到其他股東。但實務上面這樣的公司型態已經非常少見了。

股份有限公司：指二人以上股東或政府、法人股東一人所組織，全部資本分為股份；股東就其所認股份，對公司負其責任之公司。

公司法規定，股份有限公司資本應分割為股份，每股面額10元，如果股份有限公司資本額為100萬，一股面額是10元，表示公司的股份有10萬股，而出資的股東指需要就出資的股份負責即可。

就實務上來說，目前最常見的型態只有商號、有限公司跟股份有限公司，所以我們就以下三種模式，來進行簡單的比較表：

項目	商號	有限公司	無限公司
公司名稱及規定	某某商店 某某商行 某某企業社 某某實業社 ＊本縣市內不得重複	某某有限公司 某某企業有限公 某某實業有限公司 某某貿易企業有限公司 ＊全國不得重複	某某股份有限公司 某某企業股份有限公司 某某實業股份有限公司 某某貿易股份有限公司 ＊全國不得重複
資本額	不限， 但是特許行業除外	不限， 但是特許行業除外	不限， 但是特許行業除外
股東人數	獨資1人 合夥2人以上	1人以上	2人以上，但需外聘董事1人及監察人1人
股東年齡	成年	負責人要成年， 但是其餘股東可未成年	創始股東全部都要成年，但是一年後，只需要負責人成年，其餘可以未成年人
股權轉讓變更	不限制，獨資可變更為合夥，但是合夥不得變更為獨資	不限制	不限制，但一年內原始股東股權不得轉讓
股東責任	無限清償責任	以出資額為限	以出資額為限
登記手續及費用	簡單、便宜	中等	複雜， 而且費用也比較高
銷售貨物或勞務時	免用統一發票（每月營業額在20萬以下）使用統一發票	使用統一發票	使用統一發票
公司規模	小	小、中	大

2-5 我要怎樣募款？
什麼是青創貸款？

很多人創業的時候，往往會把資金跟生活費混為一談。但是這樣是不對的！

創業時，資金來源通常是最讓人頭痛的問題。到底我要怎樣找到資金呢？就我的經驗來說，我覺得創業資金最好是可以自己募集，這樣的話不管你是否賺錢或賠錢，都不會影響到他人。

但是如果資金不足的話，那我要向誰募資呢？我會建議如果可以的話，盡量先跟親朋好友募集。為什麼呢？

第一，通常這些資金不需要利息。有些事情就是這麼弔詭，通常創業的時候，精神上扯你最多後腿的人是親友，但是願意無息借錢給你的，也是親朋好友。

第二、如果你連親朋好友都說服不了，那麼你還要做什麼事業？還記得我之前說過，創業就是買賣價值。如果你都沒有辦法說服他們當你的股東，那麼你還想把產品或服務賣給誰？

第三、如果他們願意出資的話，他們就是生命共同體，絕對不會希望借出去的錢（或是出資的錢）收不回來，所以反而會成為你的合作夥伴，他們會積極地幫忙推廣你的產品或服務，無形當中會增加很多人脈機會。

如果你真的沒有辦法從親友當中募集到資金的話，最後我才會建議你去進行創業貸款。什麼是創業貸款呢？創業貸款是指政府為了鼓勵民眾創業，而進行的政策性貸款，目前政府開辦的創業貸款主要有青年創業貸款及婦女創業貸款。

這兩種貸款都有很多不同的限制與規定，想要申請之前，一定要知道申貸的資格，才能夠順利爭取到這些經費。這些創業貸款的部份其實都可以在經濟部中小企業處的創業圓夢網找到相關資訊，所以我就不再這邊贅述。

關於募資的部分，我還要提醒一點。很多人創業的時候，往往會把資金跟生活費混為一談。但是這樣是不對的！資金是商號跟公司營運所需要的經費，生活費是創業者需要自行預留的費用，有些創業者沒有多餘的經費，會把資金撥一份當做自己的薪水，變成自己的生活費，這樣做理論上是沒有錯，但是卻會讓人懷疑你有公器私用的嫌疑。

所以我會建議創業者，如果你決定要創業的話，一定要「至少」預留6個月的生活費。這樣一來你不需要公司給付任何薪水，公司也會有多餘的資金來運用，不但可以讓公司運作更加健全，還可以達成公私分明，不會有金錢上的糾葛產生。

2-6 如何撰寫創業企劃書？

我要教你的是非常實用，可以讓你完成創業計畫的企劃書。

首先我要說明一下，我現在要你寫的創業企劃書，並不是比賽用的企劃書，也不是寫得非常華麗、準備要申請創業貸款的企劃書。

我要教你的是非常實用，可以讓你完成創業計畫的企劃書。

在神經語言學當中有一個非常好用的方法，稱為「迪士尼策略」。

迪士尼策略是神經語言學的前輩Robert Dilts，想要了解迪士尼為什麼那麼有創意，還可以把他所想的事情都付諸實行，所以閱讀了迪士尼的相關傳記，並且採訪當時迪士尼的屬下，了解迪士尼的思考方式，所得出來的一項方法。透過迪士尼策略，你可以逐步找到創業企劃的架構，逐步達成你的創業目標。

如何進行迪士尼策略：

在整理迪士尼的思維過程當中，Robert Dilts發現到迪士尼會從三種不同角度來看事情。

分別是夢想家（Dreamer）、執行家（Realist）和評論者（Critic）等角度來處理問題，所以Robert Dilts把這種策略稱之為迪士尼策略。

現在我們來稍微談談這三種角色的差別。

夢想家：

夢想家顧名思義就是要來做夢，就像是創業初期的時候，你一定要想像自己創業的時候，希望達成什麼樣的目標。所以夢想家的創作力豐富、想法會比較天馬行空、擁有無限的創意、不會限制事情是否可能完成。

因為夢想家相信：任何事情都有可能發生。一般來說，夢想家會著重在於視覺想像。

通常夢想家會問的問題是：

我想要什麼？

可以有什麼更多的選擇？

最理想的情況是什麼？

有什麼具有創意的構想？

執行家：

一個好的執行家，就是去執行夢想家的夢想。排除萬難，務必做出成效來。

通常執行家會問：

怎樣擬定詳細的執行計畫？

怎樣才知道我已經達成目標？

要由誰來執行？

什麼時候要完成？

評論家：

看到這三個字：評論家！所謂的評論家不是批評，不是為反對而反對，而是考慮到現實的條件及各方面的顧慮後，向夢想家與執行家提出問題，來控制事情的狀況，避免巨大的錯誤發生。

通常評論家會這樣問：

在什麼情況之下我不會執行這個想法或計畫？

如果最後這個方法失敗，會是什麼原因造成的？

誰會反對？

有什麼因素會導致這個想法不能執行？

夢想家的想法有怎樣的問題？

執行家思維出了什麼樣的問題？

當你清楚這三種角色之後，現在我要你開始進行迪士尼策略。

步驟一、找出四個不同的位置，分別是現在位置、夢想家、執行家跟評論家。

步驟二、走進夢想家位置，想一想事業想要達成怎樣的狀態？最好詳細地描述你所看到的一切，寫得越詳細越好！

步驟三、走進執行家的位置，想一想如果你要開始執行夢想家的創業夢想，該怎樣執行？這時候也要詳細描述你所提到的執行方法，或許會有很多不一樣的結果。

步驟四、走進評論家的位置，看著夢想家跟執行家的位置，告訴他們你從他們剛剛說的話當中，看出了什麼樣的問題，問問他們要怎麼樣解決？

步驟五、回到現在位置，把所有的過程都想過一遍。

步驟六、進入到夢想家的位置，先回答當當評論家所提到的問題，並且修正一下自己的目標與夢想，或是找到新的創意或想法，都可以在這時候提出來。

步驟七、走到執行家的位置，回答剛剛評論家所舉的問題點，同時修正自己的執行想法，看看有沒有其他的方法，除了可以避免問題之外，還可以達成目標，甚至還可以想到其他新的執行方法。

步驟八、針對夢想家及評論家再提出的意見，看看他們所提的意見當中是不是還有問題點。

步驟九、回到現在位置，重新整理一下剛剛的思緒。如果有需要的話，可以不斷重複這樣的步驟，直到釐清多數的問題後再結束。

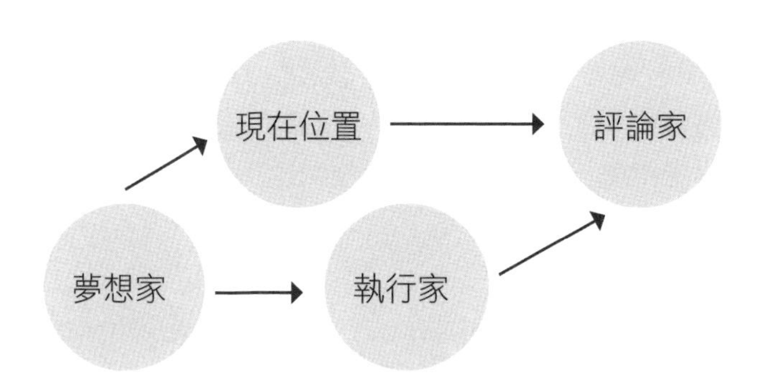

📖 當你透過迪士尼策略，找到創業的雛型後，就要開始把執行計畫列下來，現在我會引導你寫下來，那麼你就有了最簡單的創業企劃書。

....

📖 用最簡單的話，描述公司所提供的商品或服務。（我過去開的餐飲店，就是「提供平價的美味料理」。）

....

📖 你所看到的公司願景是什麼？（我們那時候當然定下成為連鎖餐飲店的願景，只是沒有達成而已。）

....

🕮 你的目標市場在哪裡？你的主要客戶群是？（當時候我們決定要頂下那間店的時候，其實就是發現那邊有三個學校，所以住的人口一定很多，而且大部分都是小家庭。）

🕮 你的競爭對手有哪些？（那時候我們發現到附近有幾家餐飲店，所以盡量不推出相關的餐點，來做出市場區隔。）

🕮 打算怎樣推廣你的商品或服務？（我們開店初期的時候沒有任何資金，只能學夜市扯破喉嚨來叫賣了。）

🕮 你定下哪些目標或里程碑？（當初我們第一個目標就是損益兩平，千萬別小看這個目標，很多新創企業就是還沒達到這個目標就陣亡了！但是我們第二個目標就是每天營業額一萬元！）

🕮 你的團隊成員有哪些？（了解團隊成員的專長與能力，可以知道團隊戰力有多強。）

🕮 如果你現在要踏出創業第一步，你會做哪些事情？

2-7 你需要知道的基礎財務知識

財務報表對於個人或是企業而言，就是X光的作用。

當你開始經營事業的時候，你就一定要了解相關財務的知識，因為財務是公司經營最重要的學問，如果你不懂財務，那麼公司一定會被你搞到一團亂。

但是這邊說的學問，不是要你重新上大學、重新修學分，而是很簡單的財務觀念，透過這些簡單的財務知識，可以讓你知道公司目前的狀況，是非常好用的一項能力。

一般來說會計學上，會把資產負債表、損益表與現金流量表合稱三大財務報表。很多學過金融、會計的人都知道這些對於企業很重要的報表。事實上，不管是個人或是企業，財務報表就是一個X光的作用，可以很快地確認個人或企業的狀況。

如果財報確實無誤，並非經過人為作帳，那麼財務報表就是能夠顯現你現在的財務狀況，到底你現在是擁有負債，還是擁有資產、是賺錢還是賠錢、是高級勞工還是財務自由等等。

對於企業來說，就可以知道公司會不會賺錢、利潤如何、公司額外支出有多少，也可以知道過去公司是否賺錢、公司未來的布局，甚至是否可以投資等，也都可以透過財務報表看得出來。

也就是說，從財務報表中我們可以知道一個人、家庭或是企業的經營狀況及財務狀況，所以財務報表是企業經營者非常重要的工具。現在我們要粗略認識一下三大財務報表：

資產負債表：

資產負債表，顧名思義就是你的資產與負債的記錄。如何定義資產與負債呢？在《現金流》發明者羅伯特清崎在《富爸爸，窮爸爸》一書當中寫道：**資產就是把錢放到你的口袋當中；負債就是從你的口袋拿出錢**。我認為這是一個簡單又明確的定義。

雖然這樣定義或許並不符合現在的會計原則，但是對於個人或新創企業而言，這個定義的確是非常地實用。所以在個人的資產負債表當中，我們可以收到什麼樣的訊息呢？

現在我們看到資產欄，就會知道所列的事物應該會創造我的收入。看到負債欄，就知道上頭所列的就是會幫你增加支出。所以你會很清楚地看到什麼呢？就是你現在有多少資產、多少負債。

然後我們再思考一下，你現在的資產是怎麼來的？負債是怎麼來的？你的資產，是你在過去所做的諸多決定，而得到的結果。

同樣地，負債也是如此。所以你的資產負債表，就顯示了你整體的財務狀況，也就是你從以前到現在的整個財務過程。在資產負債表當中可以知道你以往做過哪一些決定，導致你的資產負債表會呈現這樣的狀況。

所以我們可以知道，資產負債表就是觀察你至今的整個財務狀態的一個最重要的工具。

損益表：

損益表由兩個部份所組成，分別是收入與支出。對於收入的定義，就是在一段時間內，流入口袋的金錢；而支出就是你在同一個時間內，從口袋裡面支付的金錢。

同樣地，損益表到底代表什麼意思呢？在一般的企業會計當中，損益表指的就是企業賺錢與否，指的就是營收與總成本。而在個人的報表中，就是你的賺錢能力，與你的花錢能力。

如果企業的損益表是收入大於支出，表示目前財務狀況是正向的。但是要注意一點，如果收入與支出很接近，就要思考你現在的利潤空間是否合理，如果每個月所剩下的月現金流太少，有可能會影響資金的流動速度。

反過來說，如果你的收入小於支出，表示你目前的財務是透支的，就一定要檢討你目前的成本是否過高、人事支出太多、或是你的定價是否過低等。

現金流量表：

現金流量表的目的就是在一段時間內，資金流動的狀況以及最後的總資金。所以現金流量就是你的周轉速度、你的收支速度等等。你可以觀察到你的進賬和出賬的時間，了解你的現金流動速度。

這就是現金流量表的功用：了解你的現金流動速度。現金流量在企業經營中非常地重要，因為當你的現金流量出現短缺的時候，就需要緊急地調度資金，如果現金無法順地到位的話，企業可能會有倒閉或破產的風險，所以創業者一定要確保你的現金流量是否順利、帳款是否能快速回收，絕對不能對現金流量掉以輕心。

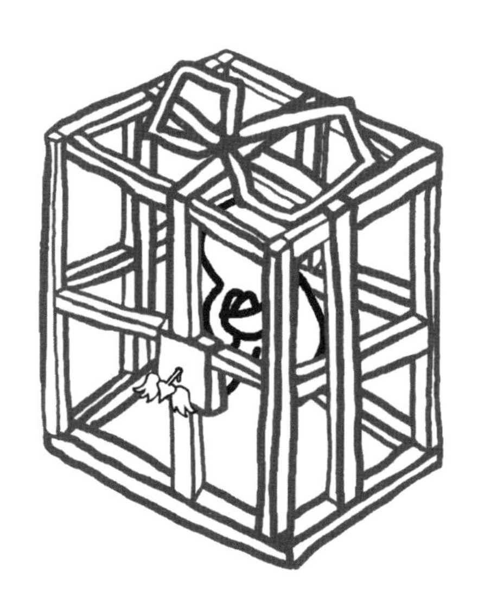

MEMO

Chapter 3

新創事業的黃金三角

創立一個新事業的時候，
你最首要思考的元素就是
產品！

3-1 新創事業三大要素

當創立一個新事業的時候，你最首要思考的元素就是產品！

經過傳直銷、自行創業到現在成為自由工作者，我一直在思考，哪些是新創事業最重要的元素，透過閱讀了許多書籍，加上自己的經驗之後，我認為一個新創事業最重要的三個要素就是產品（或服務）、行銷與服務。當你創立一個新事業的時候，你最首要思考的元素就是產品！

過去我在看富爸爸系列的時候，作者提到一個很重要創業金字塔，其中作者把產品列為區塊最小，認為產品的影響力是所有創業元素當中，是最微不足道的。

這樣的說法就理論上與實務上都沒有太大的問題，因為這種思維是從「已經創業成功」的角度來看。就一個已經踏穩腳步的公司來說，產品就可以不斷變換，所以對他們來說，產品看起來就不是這麼重要。但是就一個新創企業來說，產品就是命脈！

如果產品不夠好，那麼就沒有辦法透過產品，來取得下一步成長的資金，所以選擇產品對於新創事業來說，是非常重要的第一步棋。

日本養樂多公司剛開始的時候，就是靠著一罐代田菌飲品，打下養樂多公司的基礎；如果當初養樂多產品沒人買，那麼就不會有現在的養樂多企業了。

你翻開每一家公司的創業史，如果沒有第一個熱銷產品的話，那麼在當時它就倒閉了，根本無法經營到現在。所以千萬不要小看產品的威力！

當你找到好的產品之後，要怎樣如何行銷這項產品，就是非常重要的關鍵。因為就算你有好的產品，卻沒有相對應的行銷計畫，那麼就算你有很好的產品也沒有用，因為根本不會有人會去購買產品。

團購美食名店香帥蛋糕原本紅極一時，後來因為某些因素瀕臨倒店危機，後來老闆架設網站突破困境，沒想到搭上網路團購商機，讓香帥蛋糕一夕爆紅，成為網友口中的人氣美食。

如果當初老闆沒有架設行銷網站，搭上團購風潮，甚至上了電視跟雜誌，那麼香帥蛋糕現在可能只是一個普通的蛋糕店。

但是我也要提醒一點，行銷雖然可以幫你增加訂單，還是需要有優質的商品當後盾。如果你的商品不夠好，只想要靠著行銷來賣東西，總有一天會被行銷反噬。

如果今天你的產品是化學合成，但是你卻用純天然來進行行銷，等到謊言被戳破的時候，這些強力行銷反而成為壓垮你事業的一個巨石。所以開始行銷計畫前，還是要確認你的產品是否優質。

當你的產品、行銷都很順利的時候，再來就需要做好服務。如果你服務做得好的話，就會有更多的客戶會被你吸引來。我在看過很多的保險業務員，都是透過好的服務，讓客戶願意不斷介紹客戶，成為公司頂尖的銷售高手。

我曾經在新店大坪林站吃過一家義大利麵，其實他的餐點普普，並沒有特別出色的地方，但是我還是會向朋友推薦該餐廳，是因為我在用餐完畢後，填了該餐廳的顧客問券表，一個星期之後竟然收到店長的感謝卡片，這麼用心的店家，當然會跟朋友大力推薦。這，就是服務的魅力！

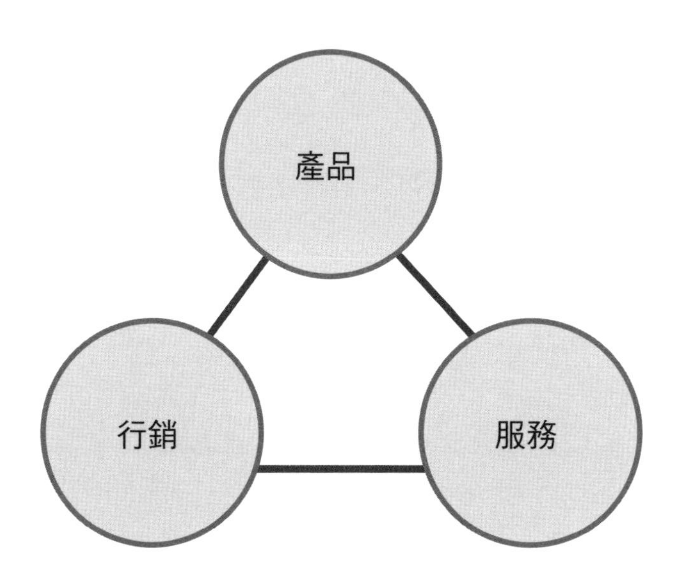

3-2 優質產品的條件

找個時間去市場、賣場走動，至少要觀察市面上10種熱賣商品。

我們之前提到，優質產品是新創公司的命脈。但是我們要怎樣選擇優質的產品呢？

我這邊有幾個選擇的原則，可以提供你參考。

我要再次強調，這些是給你作為篩選商品的「原則」，而不是標準，所以不是死板的教條，也不是不可更動的鐵則，這些原則是幫助你篩選商品的「工具」！

原則一：單價不要太高

對於新創事業來說，創業者最重要的任務就是：讓現金可以快速流動。我認為創業初期的產品價格不要太高，因為當你產品的價格太高的時候，客戶購買時就會有更長的考慮時間，當客戶的考慮時間增加，你賺進現金的時間就會拖長，這期間你的貨款、人員支出、管銷成本等壓力都會大幅增加。

假設今天你開了一間保養品公司，你推出了一款成本500元卻要價3千元的面膜產品，這時候客戶購買的意願就會降低，就算是經過強力促銷，可能一個月只賣出20份產品，共有6萬元的進帳，扣除產品的成本之後，毛利就只有5萬元。如果產品是80元的洗面乳，成本只有20元，但是經過強力促銷之後，第一個月之後賣出了2千條，這樣你的毛利就有12萬元。

所以我會建議新創事業的商品，盡量不要選擇單價高的產品當做主力商品，而是要選擇客戶購買時覺得無關痛養的產品，當成是你決勝的關鍵商品。記住：要讓客戶覺得花錢的時候，覺得這是小錢，不會跟你斤斤計較，這樣的商品會比較容易進入人心。

原則二：有需要且想要

人們購買只有兩個原因，一個是需要、一個是想要。

需要是指他生活上有必要使用到，沒有的話會造成生活困擾，像是：衛生紙、冰箱、碗筷、洗髮乳、罐頭泡麵等，這些都是屬於需要的部份，簡單來說就是一個人生活上所必備的產品。通常這些商品的利潤空間不大，但是訂購數量會很大。

想要則是指產品或許不是生活必須，但是消費者有強烈的購買慾望。像是：電視遊樂器、珠寶首飾、高級保養品、高級名牌服飾等，這些產品不見得是客戶必須，但卻是客戶想要的產品。通常這些商品利潤空間比較大，但是訂購數量相對比較小。

一般來說，熱賣的產品就是要能夠同時兼顧需要與想要，不但可以刺激顧客消費慾望，也可以讓客戶快速入手。譬如說：中階價位的保養品、名牌球鞋、保健食品等。當你找到客戶需要且想要的商品時，你在做行銷的時候就能夠事半功倍。

原則三：有商品獨特性

當你走進大賣場的時候，這麼多的商品當中，你會怎麼做篩選呢？通常你會選擇你最熟悉的品牌、最常買的商品，再來你就會開始挑選「有特色」的商品。

想像一下，你今天走到冷藏櫃時，看到兩瓶燕麥豆漿擺在貨架上，其中一個標示「添加膠原蛋白」，另外一個卻沒有。一般人會購買哪個商品呢？當然是有添加膠原蛋白的商品囉！接著你逛著逛著，來到鮪魚罐頭區，這時候你看到有很多知名品牌的鮪魚罐頭，你會怎麼選擇呢？一般人會想：都是知名品牌，所以品質應該有保證吧！當然就要選價格最低的囉！

雖然我們剛剛只是稍微模擬一下現實場景，但是其實可以自己實際去逛一趟大賣場，你會觀察一下購買的思維。但我現在要告訴你的是：消費者購買的時候，一定是購買「有特色」的商品。

有特色包括：最便宜、有其他附加功能、有品牌、有廣告、有認證標章等，總之你的商品是不是能夠別人有所不一樣，這就是特色所在。

原則四：要有利潤空間

當你選擇商品的時候，有一塊非常重要的區塊，就是利潤空間。很多人會認為做生意就是價格要比別人低，這樣才能擁有競爭力，但這樣的思維是錯的！

我要告訴創業者的是：你選擇的商品一定要足夠利潤空間。為什麼？如果你的商品沒有利潤空間，你根本是在做慈善事業嘛！做生意就是將本求利，我可以少賺一點，但是不能要我虧本！

你可能會說：好吧！我把利潤訂少一點，薄利多銷可以嗎？這時候我就要問你，什麼是薄利多銷？你的利潤有多薄？這些都是要看你的成本來決定。很多人在創業的時候，都不太會計算成本，他們的思維通常是：

商品定價＝商品成本＋淨利

我只能說，如果你有這種想法真的是太天真了！你是活在什麼世界呢？我可以移民過去嗎？事實上商品定價扣除商品成本以後被稱為「毛利」。

意思就是它並不是最後的利潤，當中還需要扣除更多的費用之後，才會稱為「淨利」。

事實上，**商品的定價公式是這樣的：**

商品定價＝淨利＋公司營運基本開銷（房租水電、廠房貸款）＋人事支出成本＋商品成本（商品本身、包裝費用）＋後續服務成本＋行銷成本（通路商利潤、廣告等）

正因為你需要支付的成本有這麼多，因此需要更多的利潤空間，才能讓公司維持正常營運。所以下次定價的時候，不要傻傻的用毛利去計算你的利潤喔！

原則五：要具有話題性

想要你的商品能夠持續長紅，你一定要讓產品「會說話」。如果產品會說話的時候，就可以幫忙找到一批又一批的客戶。

想想看，如果今天你用了一個很棒的洗衣精，不但是純天然製造，而且價格只比一般洗衣精多2成，還有國家的有機認證，而且它把衣服洗得很乾淨，最重要的是不會殘留在衣服上，對家人很健康。這時候，你會不會告訴親朋好友，要多使用這的洗衣精呢？我想多數的媽媽會這麼做。

所以當你篩選商品的時候，一定要測試一下，最好的測試者就是媽媽或上班族。如果媽媽們願意幫你介紹，而上班族願意開始幫你團購，那就表示你的商品很有話題性，會吸引人去購買。

那麼你就可以開始去著手進行商品的行銷；相反地，如果媽媽們興趣缺缺、上班族的朋友也不想要幫你團購，那你就要想想，你的產品是不是具有話題性。

很多人創業時，都是在腦中「幻想」著推出夢幻商品，都認為是史無前例的無敵商品，然後消費者就會瘋狂地推薦、瘋狂地購買，很多人都會喜歡這樣商品，很快就可以賺大錢。

就像電影食神當中的「撒尿牛丸」，剛開始的時候大家都抱著一上市就會狂賣，然後就股票上市賺大錢，卻沒想到根本沒有人購買，一直到有厭食症病人吃了撒尿牛丸之後，才開始形成話題性。

想想看，如果那位護士沒有貪小便宜買了免費的撒尿牛丸，然後被誤送到厭食症專屬病房，那麼就不會形成話題，那麼史蒂芬周應該早就被打死了吧！

所以，當你推出商品之前，一定要找人試水溫，看看這樣的產品有沒有話題性、有沒有競爭力，絕對不要活在自己想像世界當中，要知道這個世界是很殘酷的，當你決心創業的時候，你就是在商業叢林當中闖蕩，一不小心就會被叢林吃掉！

所以千萬要記得：試水溫！看你的商品是否有話題。

原則六：消費循環快速

對一個新創事業而言，重複消費就是非常重要的一環，若產品的重複消費次數低，那麼代表你需要不斷地行銷，否則客戶會喪失消費動力，當你不斷行銷的時候，就代表你的成本會增加，

此外現金流動的效率也會降低；但如果今天你的產品會讓消費者，每個月重複購買一次，你的行銷成本就會下降，現金流動效率也會增加。

假設你今天是經營寵物食品店，客戶會每兩周來跟你買飼料，那麼你現金流動效率不但增加，而且客戶不需要你花時間介紹，降低了時間成本；如果客戶買的是寵物保健食品，通常這類商品單價比較高，客戶意願相對不高，現金流動效率會減少，而且需要花比較多的時間來推銷。

如果你要進行商品篩選的時候，千萬一定要記得，重複消費才是生意長久的根本。但是我要提醒的是，重複消費不見得是主商品本身，有時候搭配銷售的商品才是重點，以除

塵紙拖把來說，其實拖把賺的錢並不多，真正讓廠商擁有源源不絕收入的，反而是除塵紙，因為除塵紙是消耗品，當你用完之後就會持續購買。這樣一來，廠商也達成了重複消費的目的。

原則七：品質好又穩定

這第七個原則可以說是前面所有原則的基礎。如果今天你的產品不夠好，那麼消費者被你騙了一次之後，他還會在購買第二次嗎？當然不會！

有一次我們去淡水時，專程到淡水國中附近去吃阿給，那時候我們看到有一家寫著：阿給老店，遠近馳名，所以我們就進去吃了。沒想到吃起來非常難吃，讓我從此對這家店敬而遠之。

後來住在淡水阿姨告訴我們真正的老店是另外一家，我們親自嘗試一次之後，發現真的不一樣！從這次的經驗，我發現到多數消費者只會給你一次的機會，如果你沒有辦法好好表現，那麼你就只能騙過一次又一次，這並不是做生意的正道。除了商品要好之外，品質是否穩定也很重要。我曾經去吃過一家小吃店，第一次吃的時候覺得好好吃，但是第二是去吃的時候卻太鹹，第三次去吃的時候又很正常，第四去吃的時候味道太淡，最後我就不太敢去這家店吃飯。

想想看，吃飯應該是一種享受，但是當你每一次吃飯都是要靠老闆心情，或是靠著自己當天運氣的話，那還有什麼意思呢？

如果想要創業能夠長長久久，在產品的篩選上面，就一定要優質且品質穩定，這樣一來你才能在客戶的心目中留下好印象，甚至產生品牌信任度。當客戶產生品牌信任度的時候，那麼你的生意就會越來越好，營業額當然就會蒸蒸日上。

☺ **練習**：找個時間去市場、賣場走動，至少觀察10種熱賣商品。分析一下這些熱賣商品中，有哪些符合上述的七個原則，並且把它記錄在下面的表格當中。

品名	符合哪些原則	觀察心得

3-3 如何做好行銷？

> 行銷有三個關鍵點：包裝、推廣、推銷。

行銷，是一個很多人都會用的詞彙，但是如果我現在問你：「行銷是什麼？」通常10個人會有8個人說不出個所以然，甚至會把行銷跟銷售混為一談。

我會把行銷定義成：把產品進行包裝並推廣出去，然後從客戶手中拿到訂單的過程。透過這樣定義，我們可以了解到**行銷有三個關鍵點：包裝、推廣、推銷。**

如何進行產品包裝

這邊所謂的包裝，就是產品塑造。我們要如何塑造挑選出來的產品呢？

塑造產品有三個很重要的法則：

第一個法則是找到產品對客戶的好處。

第二個法則是決定產品印象。

第三個法則是誘發客戶對產品的需要及想要。

第一法則：找到產品對客戶的好處：

我們要怎樣找到產品對客戶的好處呢？第一步要先找到商品的獨特性，什麼是商品的獨特性呢？像是最高級、最便宜、有國家認證、聲控系統等，都可以是商品的獨特性。

我用之前有提到的除塵紙拖把當例子，這篇是業者寫的產品特色：

產品特色：

1. 特殊表面靜電除塵設計，毛髮灰塵一把抓。
2. 經常使用保持居家乾淨，減少灰塵過敏來源，健康有保障。
3. 兩面皆可使用，更加經濟環保
4. 適用於木頭、瓷磚、大理石地板，也可當成傢俱或車子內部除塵擦拭布。
5. 輕薄設計即可達高效除塵效能，減低廢棄物產生量，更具環保概念。」

但是這樣的商品特色，對於消費者來說，有什麼樣好處呢？這篇文案看來沒有寫得很清楚。但是如果改成：

「產品功能：

1. 透過除塵紙的靜電功能，可以吸附毛髮，讓你不需要擰抹布、拖把，打掃家裡只要10分鐘就可以搞定！輕輕一擦，灰塵毛髮就Bye~Bye。
2. 多用除塵紙拖把，可以保持居家整潔，讓小孩遠離過敏原，成為健康寶寶。
3. 除塵紙雙面都可以使用，一張紙可以用兩次，讓你省下一半的錢。
4. 不管什麼樣的材質都可以使用，不需要花錢買其他的清潔用具。
5. 除塵紙除塵效能高，薄薄一張就能清理全家，省時又省錢。」

這樣的文案修改，就可以點出除塵紙的效能，省時、方便又省錢，還可以讓小孩成為健康寶寶，這些才是客戶希望得到的好處及效果。

如果只是吸附毛髮、環保、可以當車用除塵布，到底對我的好處什麼？其實非常地模糊。

☺ **練習**：找一篇商品的特色文案，試著找出其中的產品好處，並且把他寫成一篇文案。或是你目前已經有自己的商品了，那麼你先把產品特色寫在下面的表格，然後根據產品特色，問自己：「這樣的商品特色，可以幫助我什麼？」

📖 產品特色：

....

📖 產品好處：

....

第二法則：決定產品印象

對客戶來說，每一種商品都有一種印象，其實這就是品牌效應，當你提到LV、Chanel的時候，你就會產生高級的印象，如果你提到TOYOTA，就會想到平價、省油的國民車。所以你要怎要塑造產品形象就是一件很重要的事情。

當初豐田汽車為了要塑造另一款高級房車，所以在打造產品的時候，特別獨立出Lexus這個品牌，當做是TOYOTA的高階車種，這樣一來就塑造出產品的形象。現在你必須要決定你的產品印象了！

在決定產品印象前，你要先想想產品的顧客群在哪，你必須要知道你的客戶群，才有辦法決定你的產品印象。假如說我現在的產品是香水，我的顧客群是18~25歲的女性，喜歡時尚感，樂於打扮自己。

這個年齡層多是學生跟剛出社會的上班族，他們的消費能力不高，最能夠接受的香水價位是1千到2千之間，如果我想要塑造平價時尚的產品印象，那麼我的定價可能就要在1500上下，而且我的容器要有設計感，讓他們第一眼就會愛上這款香水。

☺ 練習：決定產品印象

📖 描述你的目標客層

年齡層：

行為：

特性：

喜好：

偶像：

你的產品印象：

....

....

....

第三法則：誘發客戶對產品的需要及想要

塑造產品第三個重要性，就是告訴客戶：你需要並且想要這樣商品，當客戶擁有這項商品的時候，會感到非常滿足。在手機尚未普及之前，很多人不覺得他需要、想要一支手機，因為室內電話就已經夠用了。

這時候手機商主打的就是：「擁有一支專屬你的電話，不需要經過等待，而且隨時都可以找到你。」這時候你就會想：如果有一支手機的話，我需要的時候就很方便，不用去公共電話亭排隊，而且親朋好友要找我也很方便。所以你就被植入了需要及想要的概念。

等到iphone出來的時候，手機有了天翻地覆的改變，突然間舊式手機似乎不管用了，智慧型手機才是時尚的代表，而且智慧型手機有你需要的一切功能。這時候你又被植入：我「需要」智慧型手機，而且「想要」購買iphone，因為它代表一種時尚！

一個成功的產品塑造，就是要誘發客戶的需要及想要。我們要怎樣找到客戶的需要及想要呢？需要是功能性的，想要則是一種感覺，所以要創造產品的需要時，就要開始列出產品能給客戶的功能有哪些；如果要創造客戶想要的時候，就要去思考：客戶擁有這項商品的時候，可以獲得什麼樣的感覺？

我拿液晶電視當例子好了，為什麼客戶「需要」一台液晶電視？因為液晶電視的解析度比較高，畫質很清晰，看起來很舒服，而且液晶電視比較薄、不佔空間，還可以看HD畫質的影片。怎樣讓客戶「想要」液晶螢幕呢？

當你用有液晶電視的時候，全家可以一起看影片，享受家庭的溫暖；液晶電視讓家裡看起來比較高級；液晶電視會讓家裡看起來簡約、時尚。

☺ **練習：找出產品的需要及想要**

🕮 為什麼客戶需要你的商品？

🕮 如何讓客戶想要你的商品？

推廣你的產品

如何進行推廣作業呢？推廣作業是由三部分所組成，第一個部分是產品通路，第二個部分是推廣媒介，第三個部分是促銷活動。

通路選擇：

當你開始進行推廣的時候，就要思考通路選擇，不同通路有不同的行銷方法。如果你是選擇店面實體銷售，就需要思考你的通路費用，把你的通路費用加在行銷預算當中。

如果你選擇網路通路的話，就思考找到適合的推廣媒介，才能讓你的商品大賣。如果你是選擇傳銷方式進行銷售，那麼就要思考你的獎金分配。如果你是採用直銷的方式，就需要強化你的推廣媒介是否強而有力。

我們常見的通路有哪些呢？最常就的就是透過零賣系統，零賣系統就試過去常說的大盤、中盤跟小盤，供應商把產品交給大盤商，大盤商再把貨物批給中盤商，小盤商再跟中盤商購買消費者需要的商品，這就是傳統的買賣模式。目前仍有許多商品是透過零賣系統來販售，像是：傳統市場的蔬果、雜貨店等。

第二種是整合盤商系統。為了賺取更大的利潤或是更低的價格，所以有些企業開始進行通路革命，他們把大盤、中盤、小盤整合在一起，自己就只有一個中間商，透過壓縮多層的盤商，讓自己成為唯一的盤商，就有機會談到更低的價格、更高的利潤。使用這樣的通路模式有大賣場、連鎖超商、連鎖店面、電視購物等。

第三種是直銷系統。直銷系統是供應商直接把商品供應給些費者，這樣的通路模式省去了所有的盤商，理論上消費者可以取得最低的價格，但是因為直銷系統需要比較多的行銷預算，所以通常不會便宜多少。

最著名的直銷模式就是戴爾電腦，他們直些供應電腦給消費者，而不透過其他盤商。目前直銷模式是透過郵購、網路、電話、電視廣告等傳遞產品訊息給消費者，然後供應商直接將貨品較給消費者。

第四種是多層次傳銷。多層次傳銷跟整合盤商系統類似，只是通路不再是大企業，而是個人傳銷商。這樣的商業模式好處是透過分享利潤給傳銷商，讓他們獲取相對的利潤，透過這樣的分享利潤，讓傳銷商替公司推廣產品，讓傳銷商同時兼有消費者與盤商的身分。

推廣媒介：

推廣媒介就是如何讓客戶知道商品的工具，最常見的有：電視廣告、廣播、網路廣告、問券、實體DM、網站、部落格、口碑介紹，透過些媒介都可以推廣你的產品，重點是：這些媒介能否配合你的行銷計畫。

所以當你擬定行銷計畫之後，如何選擇推廣媒介就非常重要。如果你的行銷計畫是要把產品推向全國，就需要選擇大範圍的推廣媒介，像是：電視、入口網站、全國廣播、部落格等。

但是如果你是地區店面，我會推薦地區廣播頻道、DM、問卷或是口碑介紹等。所以這些推廣媒介絕對不是固定的，而是隨著計畫而變動。

開店的時候，團隊成員就在想是不是要進行網路行銷，當時我認為開店是屬於地區性的生意，就算做網路行銷也沒有多大的效益。所以我找了朋友幫忙設計DM，並且實地拍攝我們自己的產品，然後我們四處去塞信箱、發給其他店家。透過這種行銷模式，我們把營業額從一天六千元提高到一天兩萬元。

促銷活動：

促銷活動可以說是行銷當中最吸引人的地方，因為它是最顯而易見的部分，所以很多人都會把促銷活動跟行銷活動畫上等號，但這種觀念是錯的！

那麼，什麼是促銷活動呢？舉凡可以幫助產品銷售出去的活動，都是促銷。所以我們可以發現促銷活動其實範圍很廣，不管是折價、名人代言、套裝產品、贈送試用品、週年慶、跳樓大拍賣等，其實都是促銷活動。

下面我會挑兩個常用的促銷模式來說明，可以幫助創業者有不同的促銷思維。

折價：這是最常見的促銷方法，透過折價吸引客戶上門，通常折價是一個非常好的方法，只要是人都會被折價吸引。但是折價這招卻不能常常使用，如果你這個禮拜有特惠，全館商品85折，隔兩週又辦活動，全館商品8折。

如果你這樣做的話，是會把自己給搞死的！為什麼？因為客戶會覺得你總是在特價、每次活動都有最低價，那我為什麼要現在買？甚至會讓客戶覺得在這邊買東西，是當了冤大頭。所以折價千萬不要一直用！

贈送產品：當你在進行促銷活動的時候，贈送商品絕對會是非常好用的一招，而且會非常讓人心動。我們店裡曾在6月底的時候辦過兩週年慶。週年慶的一個禮拜的時間之內，只要買兩份炒飯或炒麵，就可以好禮三選一：炒飯85折優惠、贈送30元以下的湯品、20元的御茶園。

結果一個禮拜後結算，選擇85折優惠的最少，再來是20元的御茶園，最多的反而是贈送30元以下的湯品。原本我們都以為優惠跟送御茶園是最多的，所以有這樣的結果也讓我們很意外。

後來我們思考過的結果是：雖然是夏天，但是贈送30元以下的湯品是三個方案當中，看起來最佔店家便宜，所以多數人會選擇這種方案。

促銷活動是行銷上面最有趣的地方，透過發想促銷活動，可以激發很多的創造力，只要你願意，一定可以想到許多有趣的促銷方案。

我要提醒的是：創業者一開始的時候資金不充裕，如何執行有效的促銷方案，花小錢可以帶來最大的利潤空間，才是創業者應該要思考的焦點。

銷售產品就是開口要成交

當你做好包裝、推廣之後，就來到行銷最後一步：銷售。對我來說，銷售只有兩種功能，第一種是產品說明，第二種是成交。

當你真的確實做好上面說的行銷步驟之後，那麼來到你面前的客戶，就是「有購買意願」的客戶，這時候只需要告訴客戶，我們所提供的產品到底是什麼，同時可以順利地回答客戶問題，銷售就已經完成一大半了。一般來說，有80％的業務或門市人員，絕對可以做好產品說明的責任，但是卻只有20％的業務會好接下來的步驟：成交。其實成交就是一句話：「你要不要買？」但這樣簡單的一句話，對於多數人來說，卻彷彿千斤一般重，是非常難以啟齒的。

我欣賞的日本企管專家神田昌典曾經說過一句話，不但清楚地說明了行銷跟銷售的不同，還明白地告訴業務人員應有的心態。他說：「行銷是把客戶聚集到業務員面前，銷售是幫助業務員篩選客戶。」

所以銷售人員一定要記住，詢問成交就是幫助你篩選客戶的方法。如果客戶不要，就代表他目前不需要，就可以把他排到「準客戶」名單；如果客戶要，那就負責告訴客戶如何購買商品。

如果你不敢嚐試著要求成交，那麼什麼事情都不會發生，然後雙方就會形成一個僵局，你跟客戶都不知道該前進還是該後退，所以大膽地開口要求成交吧，不管結果如何，你都沒有任何損失，不是嗎？

3-4 好服務帶來好口碑

好服務的秘訣就是：做得比客戶預期的高一點，就是好服務。

服務，是創業者是否能夠站住腳的指標。如果你的服務很差，那麼下次會上門的客戶就會越來越少。我現在去吃飯的時候，都會特別注意對方的服務，我認為好的服務讓業者上天堂，不好的服務讓業者住套房。

如果對方的服務很棒，我相信有機會的話，還會幫他介紹客戶；如果對方的服務很差，那麼你一定會心裡面對這個業者打個大叉叉，就算非常好吃也不會再來，更重要的是，你還會昭告親朋好友，叫大家千萬不要來！

既然服務這麼重要，那麼什麼是好的服務呢？其實好服務的秘訣就是：做得比客戶預期的高一點，就是好服務。我之前提到大坪林那家義大利麵，他其實只是多做了一點，就是寄一張感謝卡來，但卻讓我一直掛在嘴邊，說他們的服務很貼心。所以只要做得超乎客戶的想像，那麼就能創造出好的服務品質。

我曾經採訪過一家位於新北市板橋的廠商，他說曾經有一位客戶從桃園來，到了板橋車站的時候，打電話問他怎麼來，老闆跟客戶說：「你在某某門等我，我開車去載你。」客戶覺得非常驚喜，之後則不斷幫他宣傳，成為他的死忠客戶。

我們開店的時候，雖然營業額非常好、客人非常多，但是我弟總是記得那些是老客戶、他們的喜好是什麼、最常吃的餐點是什麼，透過這麼用心的服務，讓很多人願意不斷地幫我們轉介紹。

所以，如果想要做好服務，最重要的就是「用心」，當你願意用心服務客戶、傾聽客戶的聲音、做出超乎客戶的期待，那麼你就會獲得滿滿的回收。

當你知道服務的重要性之後，我們要開始了解怎樣做好服務。我會把服務依照銷售流程，區分為：銷售前的服務、銷售中的服務及銷售後的服務。什麼是銷售前的服務呢？銷售前的服務就是指還沒有銷售產品或服務給客戶之前，所做出來的服務。

銷售前的服務有一個重要關鍵字，就是：「連結」。也就是說銷售前服務，是要開始建立彼此的關係，並且維持客戶跟公司的關係。

譬如說公司舉辦了試用活動，留下了索取試用品的客戶名單，這時候公司就必須要就這些名單進行聯繫，讓公司跟這些客戶產生連結，等到你要開始進行銷售的時候，客戶也就不會覺得很突兀。

等到你開始進行銷售的時候，就要開始進行「銷售中的服務」。什麼又是「銷售中的服務」呢？那是指在進行銷售期間，你所做的一切服務行為。

我認為「銷售中的服務」最重要的關鍵字就是：「成交」，也就是說所有的銷售中服務，都是為「成交」來鋪路。譬如說客戶到專櫃來的時候，請客戶喝杯飲料、試用新產品，甚至幫她補一下妝等服務，就是為了成交鋪路。

又或者是保險業務員在銷售期間，寄送產品相關資料、報導給客戶，或是邀請客戶參加相關講座等，這些就是屬於銷售中的服務。

等到客戶成交之後，那麼你接著要做的事情就是銷售後的服務，售後服務的目的是什麼呢？售後服務的目的是「口碑」，也就是轉介紹。當客戶購買你的商品之後，代表他很認同產品，也就是對產品有一定的信任度，如果可以持續進行售後服務，那麼他就會越來越喜歡你們公司，自然就有可能幫你們轉介紹客戶。

譬如說：我曾經在採訪過後寄出感謝卡給受訪者，都讓他們感覺到很窩心，所以他也會告訴其他同事，自然會把這樣的口碑傳開來。

當你成功地做好產品規劃、行銷計畫及服務流程的時候，我相信你的事業已經有了成功的基石，但是卻不能保證你可以創業成功，因為很多人都沒有辦法避開新創事業的地雷。在第五章我們會討論新創事業的地雷，並且教你如何躲開。

☺ 練習：現在我要你動動腦，想想看有哪些服務，是我可以做的？

📖 銷售前服務：

📖 銷售中服務：

📖 銷售後服務：

Chapter 4

建立你的創業團隊

事業當中有四個很重要的團隊，分別是智囊團、啦啦隊、合作夥伴和員工。

4-1 建立你的創業團隊

當你開始創業的時候，你就必須要知道，創業不只是一個人的事情。

當你開始創業的時候，你就必須要知道，創業不只是一個人的事情。當你要製作產品或是規劃服務的時候，你需要找到供應商。當你需要資金的時候，你需要金主，當你需要推廣通路的時候，你要有下游廠商；當你需要製作DM或其他宣傳品的時候，你需要美工人才及印刷廠。

當你公司當中需要人手的時候，你要尋找優秀的員工；當你事業碰到瓶頸的時候，你需要一個好的老師、顧問或教練幫助你離開困境；當你失意的時候，你需要有人在一旁支持你、鼓勵你，讓你重新建立信心，繼續向前進。這些都不是你一個人就可以完成，所以你需要團隊的支援。

在《當和尚遇到鑽石2》這本書有提到，事業當中有四個很重要的團隊，那就是供應商、同事、客戶跟世界，當你有了供應商，你才有產品或服務可以提供給別人。有了互相支援的同事（或員工），你才可以順利推廣你的產品或服務；有了客戶，才有人跟你購買商品；有了世界上的一切、有了世界所提供的市場，你才能成就所有的事情。所以我們應該要好好地思考，怎樣建立好團隊，才能順利地推動自己的事業。

所以我認為，在創業初期到事業建立之後，你絕對要擁有下面這四種團隊：智囊團、啦啦隊、合作夥伴跟員工。智囊團是指在你遇到問題或瓶頸的時候，他們可以用過去的經驗或技術，幫助你解決目前的困境，像是會計師可以解決你在稅務上的問題，企業顧問可以幫助你釐清未來的走向，導師可以幫助你開拓視野等。

啦啦隊是創業者陷入低潮的時候，可以在旁邊鼓勵、打氣、加油的人，有些人或許覺得這不重要，但是在你失意的時候，這些人可以幫助你快速恢復信心、讓你更有勇氣面對未來的挑戰。

合作夥伴是指跟你事業有密切關係的人，像是提供資金的金主、一起創業的人、產品供應商等，都算是你的合作夥伴。員工則是新創公司發展最重要的關鍵，如何選對好員工，是創業者最重要的能力，這時候你會知道，好的員工讓你如虎添翼，不好的員工讓你有心無力。

當你建立好這四種團隊之後，你要怎麼領導他們？這就是創業者最重要的本領，如果你沒有辦法領導他們，那就代表你根本沒有辦法善用這些團隊，無法從中取得你所需要的資源，所以我們在這章的後半段，會提到如何領導這些團隊，讓你能夠順利地擴展你的事業。

在商業周刊888期有一篇文章提到，西遊記當中的師徒四人，就是一個好團隊的雛形。唐僧是一個擁有完美夢想的領導者，他帶領一個天才型、執行力超強的孫悟空，一路上斬妖除魔才能到達西天；還有一個處事圓融、擅於處於人際關係的豬悟能，讓團隊相處更融洽、更有趣，在一路上才不會無聊。

最後還有一個專門穩定、處理事務性的沙悟淨，沒有沙悟淨，唐僧一行人就沒有人服侍，團隊也無法順利運作。此外，唐僧還有許多的智囊團，像是觀世音菩薩、諸天神佛等，都是路上提供解決方法的顧問。你可以看到，唐僧的優秀團隊在取經過程中不斷成形。

除了擁有好團隊之外，很多人都忽略了一件最重要的事，那就是唐僧的領導方法，包括唐僧擁有遠大的抱負，擘畫出一個美好願景的能力。

然後如何協調這三種不同類型的成員，並且如何包容這三種不同類型的人，都是身為領導者非常重要的能力。當創業者擁有如何辨識好人才之後，怎樣讓人才為我所用，那就是最大的學問所在。

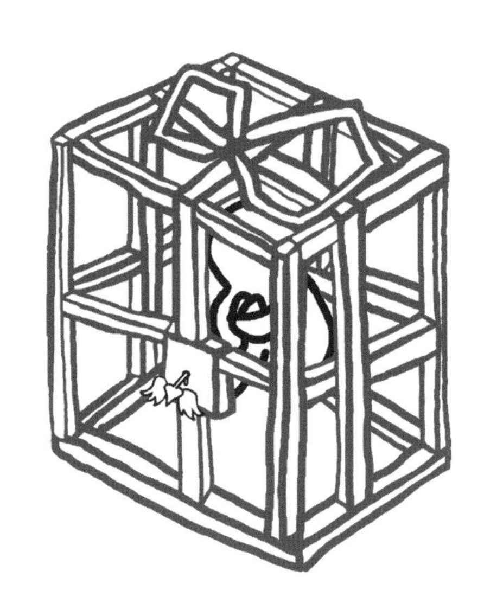

4-2 智囊團——你的創業諮詢處

專業人士是指他們在某些領域當中，學有專精的人士。

身為一個創業者，你絕對不是萬能，因為創業需要學的內容非常多，舉凡會計、行銷、管理、人力資源、生產、研發、領導、金融、願景規劃等，每一個都有其專業領域，就算窮盡一生之力，都無法去完全學會。

所以創業者需要有更多人可以諮詢，這時候智囊團就非常重要了。在智囊團當中，有幾個很重要的角色，是我們必須要掌握，第一個角色是專業人士，第二是角色是導師，第三個角色是創業楷模。

專業人士是指他們在某些領域當中，是學有專精的人士，像是會計師、律師、企業顧問等，這些專業人士在你需要幫助的時候，就可以提供你專業上的建議，是你在創業時不可或缺的重要角色。特別是稅務跟法律問題，在成立公司的時候，如果沒有清楚稅法、會計或是法律等相關問題，常常會惹出足以致命的錯誤。

所以你一定要建立這方面的團隊。這方面的團隊可以透過出錢聘任、人脈關係等方法來建立，如果是創業初期，我會建議可以透過關係找到這方面的人脈，這樣可以減少創業初期的資金。

導師是指他們對於創業、賺錢已經成功，或是有獨到的見解，或是在你創業的愈當中，他擁有豐富的經驗等，都可以算是導師。

總之他們能夠告訴你在創業當中，會碰到什麼樣的問題、遇到什麼樣的困難，可以怎樣去解決、處理，這樣的人通常不好找，就算找到也不容易成為你的團隊，但如果你找到這樣方面的人，絕對是你創業成功的一大助力。我們要怎樣找到這方面的人呢？

首先我會建議多參加創業相關的演講、課程或論壇，確定想要找誰當導師，然後想辦法聯繫對方，跟他保持好關係，定期邀請對方碰面請益；絕對不要認識後就不聞不問，等到創業的時候才要去找對方，這樣對方根本不會理你。

創業楷模是指找到心目中的創業典範，這個角色不見得你要實際上去認識對方，而是透過傳記、商業報導等，了解對方的個性、思維模式、處事態度等，這樣對於你創業過程非常有幫助。

成功學之父拿破崙希爾曾經提過，智囊團有兩種，一種是有實體的人，另外一種是精神層面，這便提到的創業楷模比較屬於精神層面，你可以想像這些創業楷模在會議室等你發問。

譬如說我的創業楷模是許文龍先生，那我可以去閱讀他相關的傳記，當我了解他的思維模式、處理事情的態度，在我碰到問題的時候，我可以假想我正在跟他對話，他就會提供我解決的方法。

過去我在碰到問題的時候，我會想：「如果是許文龍，他會怎麼處理？如果是郭台銘先生，他又會怎樣處理？」這樣的方法也是一種智囊團的形式，而且非常好用喔！

如何領導你的智囊團

通常智囊團的成就或是經驗都會比較豐富，所以他們不見得願意成為你的導師或顧問，所以要怎樣讓這些人能夠成為你創業的助力呢？其實這在你創業之前就要多努力，好好地結交這些人脈。那我們要怎樣結交這些人脈呢？首先，你的心態要正確，就算他們在專業上多厲害、經歷有多豐富，他們就是「人」，所以不需要把他們當「神」來拜。

當你擁有正確心態之後，請想想看身為「人」有什麼樣的需求，他們需要有朋友、有聊天的對象，他們也喜歡人家奉承、喜歡告訴別人他們如何成功，所以如果你抱持著好奇心，去詢問他們成功的關鍵，他們不但會告訴你，還會很喜歡你。

同時，因為他們是人，所以也需要別人關心，在他生日的時候問候一聲，逢年過節時給他一通電話，讓他知道你很關心他，這樣他一定會很喜歡你。你一定要記住，經驗、能力都比你好的人，他之所以願意幫助你，只有一個原因，那就是：你是他的朋友！所以你怎樣結交這些朋友，怎樣讓他們願意成為你的智囊團，就是你做人是否成功的考驗。

4-3 啦啦隊——重振信心的好幫手

身為一個創業者，你一定要找到自己的啦啦隊。

在創業的過程當中，很容易會碰到挫折跟挑戰，當你陷入低潮的時候，就需要有人夠幫助你消除心中的鬱悶、重新建立事業的信心，甚至給予你往前進的動力，這些人就是你重要的「啦啦隊」。

你可能會覺得「啦啦隊」真的有這麼重要嗎？這答案當然是肯定的。在很多體育比賽當中，有些隊伍能夠在絕望當中反敗為勝，就是靠啦啦隊的支持，這些支援會給他們勇氣，讓他們堅定奮鬥的決心，給了他們勝利的契機。

我每次在創業的時候，都有很多人在看好戲，都不覺得我可以做起來，總是認為我的想法都是太夢幻、不切實際，都會要我好好去找一份工作，不要去創業。

但是我媽媽總是跟我說：「我年輕的時候，我有好多想法，但是都因為家庭、現實因素而沒有辦法完成。所以，我不希望我的兒子不我的後塵，我希望你們有想法就要去完成，不要讓人生有遺憾。」

每次我低潮的時候，幸好都有她成為我的後盾，鼓勵我去完成我的想法，讓我重新擁有動力。對我來說，我媽媽就是我最重要的「啦啦隊」。所以，身為一個創業者，你一定要找到自己的啦啦隊，啦啦隊可以是你的另一半、你的好友、你的兄弟、你的親戚，只要能夠支持你走下去的，都是你的啦啦隊。

那我們要怎樣找到啦啦隊呢？

第一、啦啦隊的成員一定要夠樂觀正面。他們一定要能夠在每件事情上面找到正面的意義，這樣你在碰到瓶頸的時候，他們可以找到一個正面意義，做為勉勵你的基礎。

第二、啦啦隊的成員一定要真的相信你可以做到。據說李安的妻子，就一直是他最棒的推手跟啦啦隊，她始終相信丈夫一定可以成為大導演，所以無條件地支持他。所以啦啦隊的成員，一定要從心裡相信，你可以創業成功。

第三、啦啦隊成員一定是要你相信的人，如果你不相信他說的話，那麼他說你可以成功、可以度過難關，對你來說一點用都沒有，因為你根本不相信，所以啦啦隊成員的一定要是你願意相信的人。

最後我要提醒創業者的是：啦啦隊不是心理專家，他們是傾聽你的困難與挑戰，並且給你信心，讓你相信自己可以創業成功，所以千萬不要把啦啦隊當成負面情緒垃圾桶，每天去那邊傾訴你的不愉快、憤怒、恐懼，這樣你還沒有成功之前，你的啦啦隊就會先瘋掉。

如何領導你的啦啦隊

當你認知到啦啦隊是你最重要的「精神後援隊」時，你會知道啦啦隊絕對是你最棒的投資之一。想要領導啦啦隊，就必須要認清一個詞，那就是「互相」。

當你開始願意傾聽別人的問題、願意去鼓勵別人的時候，在你失望、難過的時候，他們也會把這樣的態度回饋給你。我認為，啦啦隊最重要的關鍵字就是「付出時間」，當你願意付出時間給對方，當自己有一天需要啦啦隊的時候，他們才會在你身邊。所以我們可以說，你可以是別人啦啦隊的成員，他們也就會成為你啦啦隊的成員，當你願意鼓舞別人的時候，他們也會投桃報李。

此外，你一定要撥時間跟啦啦隊培養感情，當他們越了解你，才有辦法在你碰到挫折的時候，給予你適當的援助。

如果今天你找大學同學當啦啦隊，卻超過一年沒聯絡，等到你需要幫助的時候，對方根本不知道發生什麼事情，也不知道該怎樣安慰起，更別說怎麼鼓勵你，要你振作起來。有時候不是他不幫忙，而是不知如何幫起。所以一定要定期跟啦啦隊成員碰面。

☺ **練習：**不管你是不是要創業，你一定要擁有自己的啦啦隊。現在，去篩選你的啦啦隊成員，然後跟他們碰面，告訴他們你願意成為他們的後盾，也希望他們成為你的精神支柱。

4-4 合作夥伴——讓你事業成形的推手

創業中最重要團隊，就是你的合作夥伴。合作夥伴包括供應商、創業夥伴還有金主。

再來我們提到創業中最重要團隊，就是你的合作夥伴。合作夥伴包括供應商、創業夥伴還有金主。簡單來說，合作夥伴就是直接跟事業有關係的人。

供應商提供你優質的商品或服務，金主提供你創業所需要的資金，而創業夥伴就是跟你一起打天下的人。

首先，你一定要選擇對的創業夥伴。在很多的創業故事當中，很多時候還沒有成功的時候，彼此就拆夥、分道揚鑣，這是因為沒有先好好想清楚所造成的結果。所以在選擇創業夥伴的時候，一定要有幾個篩選方法。

第一、相近的價值觀：

創業夥伴一定要有相近的價值觀，不然會很容易有爭執出現。譬如說你認為賺進來的錢首先要放到行銷上，但是他卻認為要提升產能，所以要先投入到生產上。這些過程沒有對錯，但是因為價值觀不同，作法就會不一樣。如果沒有相近的價值觀，那麼就會出現意見分歧。

第二、懂得尊重彼此：

只要是人都會有自己的意見，如果產生意見不和的時候，就需要有彼此尊重的態度，然後協調出一個好的方法來行動，而不是「我是對的，你要聽我的」，這樣的態度只會引起更多的問題。

第三、共同的目標：

想要成為創業夥伴，就一定要有共同的目標，如果兩個人有不同的目標，就會變成雙頭馬車，這樣根本沒有辦法創業，就算創業成功，很快就會分裂了。

第四、要有創業家的心態：

很多人在找創業夥伴的時候，都會把焦點放在對方的專業領域，但是更重要的是對方是否擁有創業者的心態。如果對方沒有創業者的心態，很容易跟你產生觀念上的認知偏差，而這種偏差是非常難修正，只能靠對方的覺知，也就一切憑運氣。所以對方有沒有創業心態，是非常重要的一點。

找到創業夥伴之後，接下來就要選擇金主。如果你不是靠貸款的話，這些提供資金來源的金主就非常重要。金主，就是希望透過提供資金，然後將本求利，所以對他們來說最重要就是公司的獲利能力。

這時候你就需要思考公司本身的規劃與獲利時間，然後確實地讓他們清楚投資的回收期會有多長。選擇金主的時候，最重要的就是他是不是了解產業概況，還有他是不是能夠接受損失，如果對方沒有承擔風險的能力，最好不要邀請他當你的金主。

最後就是供應商，當你要開展事業的時候，一定要好好了解你的供應商，如果選到不好的供應商，可能會讓你事業出師不利。

首先，你一定要確保供應商的商品或服務品質是否優質，如果他的風評很差，就算他的價格很低，也絕對不能夠接受。第二、確定供貨穩定度。如果供應商今天可以供貨、明天不行，要不然就是常常斷貨，這樣會影響你的事業運作，所以一定要確定供應商可以穩定供貨，而且是要準時交貨。第三、調查對方的信用與財務狀況。如果供應商的信用不好或是財務狀況不好，就很容易做出「跑路」，造成你公司的損失。

如何領導你的合作夥伴

面對你的創業夥伴，你應該要展現平等的態度，互相尊重彼此所負責的領域，不要想命令對方，而是要懂得溝通與協調。人跟人相處一定會有觀念不同的時候，當碰到創業夥伴跟你意見相左，你應該如何處理呢？

這時候一定要透過溝通去找出一個共同點，或是找出新的方案。這時候彼此要有一個重要信念，那就是：「透過觀念激盪，可以找出新的、兼顧多重利益的方案。」這樣一來，不但能讓雙方平心靜氣地討論事情，還可以創造出多贏的結果。

面對金主的時候，你一定要清楚對方真正重視的點，要讓金主知道你的操作過程、績效，虧損會持續多久，多快可以轉虧為盈。總而言之，你面對金主的時候，溝通是非常重要的技巧。

我曾經聽過公司創辦人沒辦法履行之前所給的承諾，然後跟金主避不見面，到最後對方一怒之下把資金撤走，導致公司營運出現問題。所以創業者要領導金主的話，就一定要多溝通。

對於供應商則是要懂得「要求」跟「溝通」。要求供應商是讓他們知道，你對於品質的堅持，以及交貨時間上的準確度，這樣一來才能確保他們供應你的產品是好的。

因為你有要求，相對伴隨著就是良好的溝通能力，如果你只是一味地要求，而沒有好好地溝通，那麼就會被廠商貼上「奧客」的標籤，雖然你有嚴格的要求，但卻有柔軟的身段、擅於溝通的能力，那麼對方自然也就不會覺得有何不妥，反而會把你當做好客戶。

4-5 員工——事業拓展的基石

當你清楚員工屬性、如何聘請之後，最後就是怎樣淘汰不適任員工。

如何招募優秀的員工，是新創事業最重要的挑戰。建立新創事業團隊分為三個重要的區塊，那就是：了解屬性、清楚順序、淘汰不適任。

首先，你一定要知道有哪些員工屬性，了解員工的特質。在市面上有很多辨別屬性的方法，不管是人力銀行、教育訓練公司、企管顧問公司等，都有不同的統計及歸類方法，但是我粗略地把人分成四種。

第一種是高企圖心的人，他們熱衷於達成目標，想辦法去實現所計畫的一切。第二種是人際關係型的人，他們熱衷於和人建立關係，不太喜歡競爭。第三種是事務型導向的人，他們很細心，可以執行精細的工作。第四種人是分析導向的人，他們思考的角度比較客觀，喜歡蒐集資訊，做出綜合建議。當你知道員工屬性之後，再來就是招募順序。

創業之初，手上的資金調度一定沒有那麼充裕，所以不可以一下子把所有屬性的人都請到位，那哪些人要先聘用、哪些人可以慢一點，這就是創業者最重要的智慧。

我認為西遊記把這樣的順序描述的很正確。唐僧第一個碰到的員工，就是會七十二變、能力超強的孫悟空，這時候才正式開啟了唐僧的取經之路。

孫悟空代表的就是能力強、不容易服從的人，但是這種人會幫新創企業注入強力動能，讓事業可以順利上軌道。當有了可以開疆闢土的人才之後，再來就是要找可以維繫人際關係的員工，這樣的角色就非豬悟能不可，他們擅於交際應酬，會幫能力強的員工收尾，並且維持良好的客戶關係。

等到公司較為穩定之後，就需要很多事務性的員工，這時候就是沙悟淨上場了，他們負責運作日常事務，維持公司的正常運作，提供穩定的作業流程，這些員工是公司安定的來源。

當你清楚員工屬性、如何聘請之後，最後就是怎樣淘汰不適任員工。就算是再會相人的算命仙，也都會有失手的時候，更何況是你只是一個新的創業者。

當你遇到不適任的員工，一定要快速地請他離開，否則會影響到公司的運作，甚至會引起大亂。既然我們提到淘汰不適任員工，那我們就要談談哪些員工不適任。

我認為有三種員工是不適任的：第一、沒有向心力。第二、愛抱怨。第三、會扯其他同事後腿。創業初期，當你發現這三種人的時候，絕對要下定決心開鍘，否則會當斷不斷，反受其亂。

如何領導你的員工

當你聘任員工的時候，就要有領導他們的心理準備。很多書上面都會提到：如何「管理」你的員工，但我不認為員工是需要被「管理」的。

人不是商品、不是貨物，硬要用KPI算出員工價值，是沒有意義的。我認為：「下屬沒有辦法發揮價值，是上位者的責任。」先去思考你可以幫助他們什麼，公司可以讓他們實現什麼目標，這樣他們才會願意全力相挺。

除了幫助員工找到他們可以實現的目標之外，領導員工最重要的是交心，你一定要跟他們搏感情，但是搏感情卻不可以流於「鄉愿」，也就是不能讓對方不尊重你。

我曾經聽過一種說法，我覺得非常有道理。最爛的老闆是「好」老闆，對員工太好反被員工騎在頭上；中等的老闆是「壞」老闆，他們頤指氣使，把員工當做工具，員工敢怒不敢言。最厲害的老闆是既「好」又「壞」，其實他們是有原則，但是又願意跟人搏感情，戰國時代兵法家吳起就是一個最好的例子。

吳起帶兵的時候非常嚴厲，往往是不近人情，但是他非常照顧士兵的起居狀況，會傾聽士兵的心聲，所以他的部隊都非常愛戴他，非常有向心力。

曾經有一個小故事是說他幫一個小兵吸膿汁，結果小兵的媽媽就哭了，別人認為這是莫大的光榮，但他媽媽跟別人說：「吳起就是這樣幫他的爸爸吸膿汁，所以他為了吳起出生入死，最後喪命了。現在他又幫我兒子吸膿汁，那我兒子不就會為他賣命而死。」我想從這個故事，應該可以讓你了解到該怎樣領導員工。

最後，想要領導員工最重要的是以身作則。很多創業者會犯一個錯誤，那就是我請你們員工來，就是來幫我辦事的，我幹嘛還要自己身先士卒？

事實上這樣的觀念大錯特錯。創業初期，公司規章、原則都還在逐步建立的時候，沒有辦法定下清楚的遊戲規則，這時候員工也不知道你是不是「玩真的」。

這時候就需要你以身作則，當你說到做到的時候，你的屬下當然就會知道你是「玩真的」，才會對你心服口服，才會願意聽從你的領導。

MEMO

Chapter 5

創業地雷及如何退場

如果你可以盡量避免碰到
創業地雷，那麼就會增加
成功機率。

5-1 創業八大地雷

創業是需要鍛鍊的，不只是要學習很多技能，最重要的是你的心理素質有沒有得到提昇。

你在市面上聽到太多的創業故事、成功案例，但是你也應該知道其實創業失敗的故事更多，更弔詭的是，成功的方法不一定一樣，但是失敗的方法卻很像，所以如果你可以盡量避免碰到創業地雷，在加上前幾章提到的方法，那麼就會增加成功機率。

第一顆地雷：只懂專業，不懂行銷

行銷就是把客戶帶到你的面前，如果客戶都不認識你，怎麼會來到你的面前呢？

我常常會看到巷口有一家麵店高高興興地開張了，看來也有很多人光顧，但是一陣子之後，會發現到他的生意也越來越差，人越來越少，大概半年後你在過去的時候。咦？頂讓！怎麼會這樣。

大概8個月前，我曾經去光顧一家麵攤，號稱是附近市場40年老店搬到這來，煮的東西也不錯，服務也很好，但是沒多久就看到店面大門深鎖。

3個月後，同一個店面開了鵝肉攤，看起來很衛生、乾淨，吃起來也不錯，但是3個月後，又看到店面大門深鎖。

最近，又看到一家新的招牌掛上去了。其實這些業者的東西都算不錯，地點也在社區附近，表示有一定的市場性，但是為什麼事業都沒辦法持久呢？

多數創業者通常都是某個領域的專家，像是麵包師傅、廚師、工程師等，他們當雇員的時候都是非常優秀的人才，做出來的麵包令人垂涎三尺、煮出來的菜讓人吃了大聲叫好、可以順利寫出客戶需要的程式或網站，但是等到他們自己開業的時候，麵包一樣好吃、菜一樣可口、程式一樣流暢，但是卻賺不到錢，甚至最後關門大吉。為什麼？我認為其中一個問題就是行銷！

因為曾經開店過，所以舉餐飲店當例子。有些人很會做菜，燒的菜可以說是一級棒，於是就高高興興地開了一間店，這年代大家都會懂得促銷活動，所以他也舉辦促銷活動，開幕期間打6折，還招待拿手菜。

這樣的促銷活動當然吸引很多人上門，恢復原價之後，慢慢地客戶就越來越少，最後就剩下一些常客，最後當收入無法支付水電房租的時候，自然會打退堂鼓，在門口貼出「頂讓」。

你會說：他有做促銷活動啊？是啊，但我要說明的是：促銷是招攬客戶的方法，不過絕大部分的人通常都只用一次，就是開幕的時候。只做一次就想要找來絡繹不絕的客戶，這樣的想法是大錯特錯啊！

事實上你的行銷活動不可以只有辦一次！而是每隔一段時間就要辦一次。想想看，為什麼百貨公司一年要辦一次週年慶？母親節特惠檔期？情人節檔期？這些都是促銷活動！想一想，屈臣氏夠有名氣吧，但是店員還是要拿大聲公到外面廣播，告訴過路人他們目前有什麼樣的優惠活動，還要店員到門口發DM。

麥當勞、肯德基夠有名吧！但是每隔一段時間就可以在廣告上看到他們推出新產品。他們就是在提醒你，千萬不要忘記他們！開店的時候，我們每一次改菜單的時候，我們就換DM，也會去附近商家在掃一次DM，這樣他們絕對不會忘了「豐站小吃」。

其實，行銷就是把客戶帶到你的面前，如果客戶都不認識你，怎麼會來到你的面前呢？大部分的創業者沒有發現，你必須要把公司或產品「大量」地「曝光」在你的「客戶」

面前。這些引號裡面字就是行銷真正的關鍵！！

第一、你的量要夠大，如果你的量不夠大，那根本沒屁用。就像是有些保險業務員，他跟幾個朋友說他在做保險，希望大家捧場。別傻了！你要做的是告訴一百個、兩百個，甚至是你接觸過的人，告訴他們你現在在做保險！這樣你的量才夠大，你才有機會遇到跟你購買的客戶。

第二、曝光的意思就是要讓別人看得到！如果你要快點賣掉房子，別以為在巷口貼幾張傳單，就會有很多人主動上門看房子。你要貼滿社區每一個燈柱、公布欄，甚至周圍的路口也要貼個幾張（目前這樣做是會被罰錢的喔！我只是舉例而以。），最好還可以在路口發傳單。這樣人家才看的到啊！

第三、你必須要找到精準的客戶群。如果你今天開了一個女性內衣店，卻跑到居酒屋前面貼傳單，這樣的行銷不就大打折扣嗎？你應該要去美甲店、美容院、藥妝品店外面才有用！如果你今天開了一個影印機公司，卻跑到路口發傳單，這樣不是沒有效果嗎？你應該要想辦法拜訪每個商辦大樓才對吧！所以你一定要思考你的客戶群在哪，才能得到你要的結果。

如果你一直在吳郭魚池，卻想要釣到石斑，那不是很可笑嗎？所以當你創業之前，不只要有專業的技術，也要懂得如何行銷，這樣才能幫助你在創業的過程當中，順利推廣你的好產品。

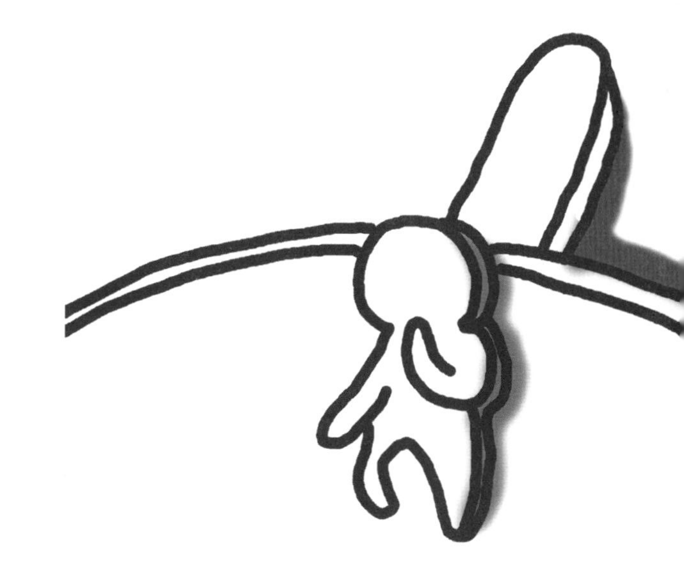

第二顆地雷：沒有準備好就開始創業

我非常建議想要創業的人，去嘗試失敗吧！當你知道哪些行為會失敗，你就離成功越近！

很多人在創業的時候，其實都是憑著一股衝勁，在某一個瞬間，覺得很熱血，認為自己就是要創業，我絕對可以做到。等到真正創業的時候，所有的大小事情都一擁而上，原本脆弱的幼小心靈瞬間崩潰。事實上，創業是需要鍛鍊的，不只是要學習很多技能，最重要的是你的心理素質有沒有得到提昇。

身為一個創業者，你的心理素質非常重要，如果心理沒有準備好的話，那麼就會產生很多的悲劇，我們之前有提過，創業會經過很多挫折、困難與挑戰，所以必須要有面臨這些挑戰的心理準備。

創業不是機器，只要你把資金放進去、員工請進來，就會自己開始賺錢。創業比較像是生小孩；小孩不會自己長大，而是要你不斷呵護，肚子餓了要餵奶、大便了要換尿布、生病了要找醫生等大大小小的瑣事。

創業也是一樣，公司收入減少要想辦法增加收入、公司要支出的時候要想辦法找錢、公司出問題的時候要找律師或會計師等，也有很多瑣事要關照。所以如果沒有心理準備，是沒有辦法應付的。

創業前沒有思考失敗

我敢打包票，很多人創業之前一定都沒有想清楚，都會抱持著一個很樂觀的心理，盲目的相信自己一定會成功。但是卻沒有做好任何失敗的準備，事實上我都會建議所有的創業家，創業之前一定要先想清楚：失敗了怎麼辦？

我最常告訴別人的一句話是：「先做最壞的打算，才能做最好的期望！」香港首富李嘉誠也曾說過他花90%的時間考慮失敗，當你確切知道失敗的風險時，你才會更安心地去開創你的事業。

我們剛開店的時候，我問媽媽：「如果做不起來怎麼辦？」媽媽只跟我說：「了不起就是賠10幾萬，勢頭不對就收手，又不會傾家蕩產。」既然是這樣的話，那我們也沒什麼損失，因為大不了再把器材頂讓出去就好。既然我們都知道失敗不會怎樣，那麼當然就是開始往前衝刺囉。

☺ 練習：想一想，如果你今天創業失敗了，會怎麼樣？

越失敗越成功

在進行大量資金創業之前，我會非常建議各位想要創業的人，先不要冒然進行大筆的投資，而是先到保險業、傳銷業或是房仲業等練習一段時間。

這時候你會說：什麼！叫我們去做傳銷？保險？有沒有搞錯。我沒有搞錯，事實上連《富爸爸窮爸爸》的作者羅伯特清崎也都建議想要創業的人，要先到傳銷去歷練一下。為什麼？其實在傳銷當中是可以學到很多事情。

包括你可以開始建立你的創業心理素質、可以學到推銷的技巧、可以學到行銷的概念、可以學到領導與管理、學到如何辦活動、學到如何組織系統的運作，這些都是你在上班時學不到的東西。最重要的是：傳銷很容易讓你失敗！但是卻不會損失大量金錢。

我曾經經營過兩家傳銷，看過很多所謂的大領袖、大上線，有70%的人都曾經在不同的傳銷公司失敗過，但是最後都重新站起來，成為收入豐富的系統領導人。

我當時就很納悶，為什麼？後來我看了許多創業家的生平，我才發現到很多創業家也失敗過很多次，甚至有些是十幾歲就創業失敗，但是他們透過失敗，學習到很多事務上的經驗，同時也鍛鍊他們的心理狀態，所以他們敢越玩越大，最後玩到上市公司。

因此，我非常建議想要創業的人，去嘗試失敗吧！當你知道哪些行為會失敗，你就離成功越近！

第三顆地雷：
沒有搞懂財務狀況

> 創業的人，一定要搞清楚財務知識，不管是財務報表、成本、定價策略等，都要好好學習。

很多創業失敗的原因，就是沒有了解財務狀況。財務狀況包括哪些呢？包括定價策略、利潤空間、人力支出、商品成本等，都是屬於財務的一部分。而這些都是你在開業前都要想清楚的事情。

羅伯特清崎說過：「事業的規模在創業之前就決定好了！」這是一點錯都沒有。

當我們結束店面生意之後，我花了很多時間在思考我們失敗的原因，後來發現到其實失敗早在開店初期就種下了。首先，是定價策略錯誤，我們定價的時候只有考慮到商品成本、薪水支出跟水電房租，但是卻沒有考慮到後續的物價成本、人事衍生成本、器物老舊攤提成本等，剛開始的時候的確賺了不少錢，但是後來利潤卻越來越少，加上身體真的太操勞，只好忍痛結束店面。

但是透過這個過程，我學到了很多財務上的觀念，像是：商品成本不應該只有食材而已，包括你的器具，如：冰箱、靜電機、廚具、包裝材料都應該要算在內。人事成本不能只有薪水，包括勞保、健保、保險等都是支出，更別談物價不斷成長的壓力，卻又不敢跟客戶調整價格的狀況。這些過程都讓我學到很多。

其實我們開業1年半後，是有想要拓展分店的想法，但是當利潤空間被壓縮時，根本沒有資金進行展店作業，所以只好耽擱這樣的計畫。

後來想到羅伯特的話，真的一點都沒錯，創業之前沒有想清楚的財務問題，會在創業之後一一浮現。所以我會奉勸想要創業的人，千萬一定要搞清楚財務知識，不管是財務報表、成本、定價策略等，都需要好好學習，不然怎麼死的都不知道。

除此之外，有很多創業者會認為財務狀況複雜，所以都沒有好好去處理及面對，等到問題大條了、無法收拾的時候，就只能黯然結束公司。

我必須要告訴所有的創業者，財務狀況絕對是你要清楚了解的一塊，千萬不要嫌麻煩，因為財務狀況可以決定一間公司的生死存亡，不能不謹慎。

第四顆地雷：找錯合夥人

合夥人在創業的過程當中非常重要，當選擇合夥人後，還要進行測試，絕對不是馬上就正式合作。

合夥人在創業的過程當中非常重要，如果你找對合夥人，合作起來就是如魚得水，但是如果找錯合夥人，那就是萬劫不復。

在開店之前，曾經跟別人談一家傳銷公司的案子，沒想到對方其實根本就是詐騙集團，完全就是想要撈一筆就跑，不但讓我們有小負債，還搞壞了一些朋友關係。所以選擇合夥人真的非常重要。

開店的時候，我真的覺得我很幸運，我的合夥人是弟弟跟媽媽，因為他們可以一手打理店面，我只需要專心做好行銷跟財務管理。加上媽媽豐富的餐飲經驗，可以提供許多不同的意見，讓我們的餐點與眾不同。

我們甚至每半年要換一次季節限定菜單，讓客戶有耳目一新的感覺，透過這樣的變換，讓我們跟一般熱炒店做出市場區隔。

那我們要怎樣選擇合夥人呢？

首先，你們是否互相信任？你要問自己：我會信任他嗎？做生意最重要的就是信任，如果你都沒法信任他，那麼要怎樣合夥呢？第二、人格特質是否是你喜歡的？如果他有很多作法你都不欣賞，光是心中的戰爭都會把精力給耗完，更別提要繼續往前進了。最後，你要看一下彼此是否互補，對方的能力是否可以彌補你所缺乏的區塊。

當你選擇合夥人後，還要進行測試，絕對不是馬上就正式合作，你要透過更多的相處、對談，去了解彼此的狀態。

有時候對方都符合以上三個條件，但是他的狀態並沒有想創業、他還現在混亂當中，或是他才剛創業失敗等，這樣都不適合當合夥人。

第五顆地雷：現金週轉不靈、花冤枉錢

現金流，可以說是公司的生存來源，如果現金流接應不暇，就會導致公司出現經營危機。

現金流，可以說是公司的生存來源，如果現金流接應不暇，導致出現空窗期的話，就會導致公司出現經營危機。我最喜歡經營現金收付的生意，這樣的話會比較有保障，現金流也會比較穩定。

我常舉個例子給想要創業的朋友聽：假設你今天創業沒多久，這時候同時接到兩個案子，一個是大企業100萬的生意，但是要用支票付款，跟30萬的小公司，卻是用現金付款。你要選擇哪一個案子呢？

蠻多人會選擇100萬吧！但是我的建議是：要看對方的

票期。很多大企業的習慣會押票期，請款後一個月用支票付款，票期押一個月，這樣就有兩個月的現金流壓力。

如果是現金的話，也要詢問一下請款流程，要怎樣請款才能順利入帳。所以如果你是一個創業者，除了要看案子業績之外，還要注意到請款流程、時間及票期。

想想看，在這些款項還沒下來之前，你勢必要支付員工薪水、商品成本或是日常開支等，如果你沒有足夠的預備資金，就會影響到公司營運。

我在玩羅伯特清崎的《現金流》遊戲時，曾經有一次玩到破產，但是我那時候手上並不是沒有資產，只是我的支出過大，沒多久就花光手上的現金，當然就會走上破產一途。從那一次的經驗我就知道，新創企業想要活下來，現金流絕對是你需要重視的一個項目。

除了現金流之外，很多新創企業都會花很多冤枉錢，像是：只需要租10坪的辦公室，卻租了30坪的辦公空間來打臉充胖子，根本沒有任何意義；有些事務只需要簡易桌上型電腦就可以工作，卻買了昂貴的筆電；只需要3張辦公桌就可以開始運作，卻預想以後會有很多雇員，所以多買了10張。這些都是不需要的花費，但卻是很多創業者常常會做的事情！

雖然有些不見得是大錢，但是累積起來就是一筆可觀的費用。所以創業者一定要記得，剛創業的時候，凡是都需要節省，唯有行銷預算不能省。因為行銷是幫助你把客戶帶進來的重要方法，不管怎樣都要有預算來做行銷。

最後還是要提醒想要創業的人，創業初期絕對要注意你手上的現金，還有未來流入的現金狀況，絕對不要讓現金流出現斷層，否則會有可能危及你剛起步的事業。

第六顆地雷：
容易分心，無法專注

創業者一定要記住：你專注的地方，才會產生力量。

當你成為一個創業家的時候，你一定需要多出去認識人，這時候你認識的人越多，就會有很多人提供許多新的想法、新的作法、新的商機。

有時候你會開始心動，好像某些還蠻好賺的，自己是不是要分心投入等。如果你已經在事業上取得某些成就，這樣的行為就是多角化經營；如果你的事業還沒有完全上軌道，這樣做反而會讓你辛苦打造的事業崩潰。

除了外部機會外，很多創業者會無法專注，他們會想要同時處理很多事情，他們想要成為一個好的領導著、好的業務、好的管理者，但是很抱歉，你不可能同時間做這麼多的事情。

專注，是新手在創業時最重要的關鍵，剛開始創業的人很容易分散專注力，一開始把業務複雜化，什麼都想做，卻什麼都做不好。我的建議是：剛開始創業的時候，一定要把心思放在創造營收上面。

我曾經採訪過二、三十個店家，有些已經創立二、三十年，有些則剛開一年不到，我發現可以撐過一年的店家，絕大多數都很專注在自己的本業上，所以很快地就在當地有些小知名度，甚至是還吸引其他地方的人來光顧。

有一個老闆告訴我，剛開店的時候只有自己一個人，那時候他只想到怎樣快點賺錢，才能維持店面的正常營運，所以很快地他就損益兩平，最後甚至成為產品的代理商。所以創業者們一定要記住：你專注的地方，才會產生力量。當你專注在你的事業上，你的事業才能發展。

第七顆地雷：擴張太快

> 我會非常建議新創事業的時候，最好可以穩紮穩打，按照自己既定的計畫來執行。

有時候新創事業剛好符合產業趨勢，或是剛好時機點到，所以訂單就如雪片般飛來，為了要賺更多的錢，很多人就會開始擴廠、增加人手或是增加投資等。

但我非常不建議這麼做，因為有時候這些訂單可能是時機財，時機點一過就沒有這麼多訂單，如果你為了這些短期的訂單，而投入大量的資金去擴廠，那麼反而會讓自己陷入進退兩難的狀況。

我很喜歡《先別急著吃棉花糖》這本書。書裡面提到：曾經有學校教授做了一個實驗，很多年紀相仿的小孩被帶到一間房間，一次一個人。然後有一個大人進來，在小孩面前放了1塊棉花糖，然後大人會離開15分鐘，如果大人不在的這段時間裡，如果小孩沒有把棉花糖吃掉，那麼小孩就會再得到另外1塊棉花糖當作獎賞。

在創業的過程中，有時候老天會給你一個很棒的棉花糖，給了你很多的訂單，當你為了想吃下這些訂單，而開始大肆擴張，可能會種下失敗的種子。但是如果你願意穩穩地執行你的計畫，或許你沒辦法一下子賺到大錢，但是穩穩的賺，或許得到的會比預期來得多。

開店的時候，在台北有一家公司要跟我們訂中午12點50份餐點，但是要幫他們送過去。這時候我們就在思考要不要接這份訂單，最後我們決定不要。

為什麼？如果我們送到台北的話，來回就需要時間，這時候我們的外送人員就沒有辦法送附近的店家，而附近的店家才是我們穩定生意來源，與其為了一次的訂單而來回奔波，不如好好照顧附近的生意。

所以，我會非常建議新創事業的時候，最好可以穩紮穩打，按照自己既定的計畫來執行，雖然不會有一夕致富的機會，但是卻可以保證自己的事業可以逐步地發展。

第八顆地雷：
瞎忙，做沒有效益的事

避免瞎忙最重要的方法是給自己時間表，告訴自己一天或一週中，要花多少時間專注在公司事情上面。

新創業者最大的問題就是瞎忙！當你開始創業的時候，因為你不需要去別人公司上班，所以家人、可能包括自己，都會認為時間變多了，所以就會把很多家庭瑣事都攬在自己身上。

有時候朋友找就出去、應酬你也去，整天把自己搞得很忙，但是卻不知道自己在做什麼。有時候瞎忙一個月，才發現自己根本沒有專心在事業上。

除了這個之外，還有些創業者很喜歡裝忙，每天把自己形成排得很滿，把自己搞得事業好像做很大，每天都有客戶要見，都有小白球要打，但是卻沒有時間好好想想自己事業的方向。等到公司發生危機的時候，才在埋怨員工、埋怨客戶，但其實真的要怪的人是自己！

要怎樣避免瞎忙呢？想要避免瞎忙最重要的方法是給自己一個時間表，告訴自己一天或是一週當中，要花多少時間專注在公司的事情上面。

你也可以用一張A4紙，把它折成四等份，然後把目前所有的事情分成四種：重要很急、重要不急、很急不重要、不急不重，然後把專注力放在重要很急跟重要不急的事情上，很急不重要的事情，就用最短的時間處理完畢。把事情這樣分類之後，就會知道哪些事情是你該專注的地方。

那要怎麼避免裝忙呢？除了可以用上述的方法之外，還需要給自己一段獨處的時間。譬如說每天10點到11點，在這一個小時之內，你什麼事情都不要做，你好好地把自己的心沈澱下來。當你心靜下來的時候，你開始去思考公司的未來，去思考目前的狀況，去思考怎樣突破現狀等。當你願意給自己這樣的時間時，就可以避免掉裝忙的狀況。

5-2 結束，如何認賠殺出？

如果自創事業真的無法經營下去的時候，就要懂得找到放棄的時機

如果你是第一次創業，過程當中都沒有做好商業模式，導致公司出現了危機時，該堅持下去還是認賠殺出呢？這是一個非常大的學問。我們之前有提到，創業者要有堅持到底的決心，但是如果真的沒有辦法經營下去的時候，就要懂得找到放棄的時機。

當我們已經看到危機，發現到如果繼續做下去，除了會引起家庭問題之外，家人的身體也是無法負荷。這時候我們要如何放掉呢？

我們第一個想到的是：頂讓，我們想要頂讓給別人，也包含技術轉移的部份，總共開價40萬。為了讓店面順利頂讓出去，所以我去找了頂讓業務的仲介，一個月過去了，卻

談得亂七八糟，最後我們選擇直接結束，把器材賣掉，全部只有7萬元。真的讓人非常扼腕！從這次的經驗當中，我學到幾件事情：

第一、不需要這麼快結束營業，應該要想辦法找到買家，而不是讓自己賠錢，不需要為了結束而結束。

第二、不要相信頂讓業務的仲介，他們會跟你預收訂金，然後明明沒有成交，卻在網站上面說我的店面以50萬訂讓成功。一個事業從頭到尾，一定要是自己能夠掌控，千萬不要把自己的錢交到別人手上。

第三、不需要執著在名稱，當時有頂讓者要求我們，是否可以招牌沿用舊有名稱，但是我們認為這個名稱從父母創業至今就使用到現在，所以沒有答應，但其實就是一個名稱，如果有能力，再創造新的品牌就好。40萬是多麼好用的資金啊！

最後，如果你真的不得不結束事業的時候，請一定要好好想一想，到底在這個事業當中，我做錯了什麼事情，我學到了什麼經驗。如果下一次創業的時候，我可以怎麼做比較好。透過這樣的過程，你就會學到書本上面所得不到的創業經驗，這些經驗都是用白花花的錢所換來的，怎麼可以白白浪費呢？唯有好好地檢討，你才會有東山再起的機會。

BOOK 好書×推薦

用小錢滾到第一個100萬

定價NT250元

全彩圖解，為上班族量身打造的致富理財書！

***用圖解理財重新詮釋投資**

從工作上賺錢不難，難的是自己沒有做好理財規劃，本書重新詮釋投資理財的精隨，並且還把這些精隨整理給廣大的投資大眾。

***存一塊錢才是真賺錢**

一般人在進入就業階段，便開始正式接觸理財，金錢的交易行為也較以前頻繁，此時不僅要掌握投資工具或金錢的運用，更要懂得將錢用在刀口上。

***理財致富的獨家祕訣**

經過投資市場風風雨雨之後，作者漸漸明白了投資理財真正的內在屬性，而且還探索出了在詭譎多變的理財環境中，立於不敗之地的獨家祕訣。

Enrich

財經雲 12

出版者／雲國際出版社
作　　者／林又旻
總編輯／張朝雄
封面設計／陳冠傑
出版經紀／廖翊君
排版美編／YangChwen
內文插畫／金城妹子
內文校對／李韻如
出版年度／2014年3月

35歲前，一定要有的創業力

郵撥帳號／50017206 采舍國際有限公司
（郵撥購買，請另付一成郵資）
台灣出版中心
地址／新北市中和區中山路2段366巷10號10樓
北京出版中心
地址／北京市大興區棗園北首邑上城40號樓2單元709室
電話／（02）2248-7896
傳真／（02）2248-7758

全球華文市場總代理／采舍國際
地址／新北市中和區中山路2段366巷10號3樓
電話／（02）8245-8786
傳真／（02）8245-8718

全系列書系特約展示／新絲路網路書店
地址／新北市中和區中山路2段366巷10號10樓
電話／（02）8245-9896
網址／www.silkbook.com

35歲前,一定要有的創業力 / 林又旻著. -- 初版. -- 新北市 : 雲國際, 2014.03
面；　公分
ISBN 978-986-271-432-4 (平裝)
1.創業
494.1　　102021437